Alfred Böge

# Höhere Mathematik
# zur
# Mechanik und
# Festigkeitslehre

Unter Mitarbeit von Walter Schlemmer
und Wolfgang Weißbach

D1666263

Friedr. Vieweg & Sohn   Braunschweig/Wiesbaden

1983

Alle Rechte vorbehalten
© Friedr. Vieweg & Sohn Verlagsgesellschaft mbH, Braunschweig 1983

Umschlaggestaltung: Hanswerner Klein, Leverkusen
Satz: Vieweg, Braunschweig
Druck und buchbinderische Verarbeitung: W. Langelüddecke, Braunschweig
Printed in Germany

ISBN  3-528-04240-0

# Vorwort

Das „Lehr- und Lernsystem Mechanik und Festigkeitslehre" wird mit diesem Heft erweitert. Aufbauend auf den didaktisch reduzierten Darstellungen bestimmter Inhalte im Lehrbuch erfährt der Studierende, wie diese physikalisch-technischen Probleme ingenieurmäßig mit Hilfe der Differential- und Integralrechnung zu behandeln sind. Wie im Lehrbuch werden auch hier die einzelnen Lernschritte gründlich erarbeitet.

Vor allem Kollegen aus Schulformen, in denen die Anfänge der höheren Mathematik behandelt werden, haben mich zu dieser Arbeit angeregt.

Braunschweig, im März 1983                                                    *Alfred Böge*


# Zur Benutzung des Buches

1. Die Angabe „Lehrbuch Abschnitt..." verweist auf den betreffenden Abschnitt im Lehrbuch „Mechanik und Festigkeitslehre" des Lehr- und Lernsystems (Verlag Friedr. Vieweg & Sohn, Braunschweig/Wiesbaden).

2. Die Angabe „AH 1,..." bei Fragen aus der höheren Mathematik verweist auf das Buch „Arbeitshilfen und Formeln für das technische Studium", Band 1, Grundlagen (Verlag Friedr. Vieweg & Sohn, Braunschweig/Wiesbaden).

# Inhaltsverzeichnis

| | | |
|---|---|---|
| **1** | **Aus der Dynamik** . . . . . . . . . . . . . . . . . . . . . . . . . . . . . . | 1 |
| 1.1 | Einführung, Geschwindigkeits- und Beschleunigungsbegriff . . . . . . . . . . . . | 1 |
| 1.2 | Gegenüberstellung der Größen und Funktionen der Bewegungslehre mit den Begriffen der Infinitesimalrechnung . . . . . . . . . . . . . . . . . . . | 4 |
| 1.3 | Weg als Zeitintegral der Geschwindigkeit . . . . . . . . . . . . . . . . . . . | 7 |
| 1.4 | Beispiele aus der Bewegungslehre . . . . . . . . . . . . . . . . . . . | 8 |
| 1.5 | Aufgaben aus der Bewegungslehre . . . . . . . . . . . . . . . . . . . | 12 |
| 1.6 | Das dynamische Grundgesetz für die Drehbewegung und die Definitionsgleichung der Trägheitsmomente . . . . . . . . . . . . . . . . . . . | 14 |
| 1.7 | Beispiele für die Herleitung von Formeln zur Berechnung von Trägheitsmomenten . . . . . . . . . . . . . . . . . . . . . . . . . . . . . | 15 |
| 1.8 | Aufgaben zu Trägheitsmomenten . . . . . . . . . . . . . . . . . . . | 18 |
| | | |
| **2** | **Aus der Festigkeitslehre** . . . . . . . . . . . . . . . . . . . . . . . | 19 |
| 2.1 | Zug- und Druckstäbe gleicher Spannung . . . . . . . . . . . . . . . . . . . | 19 |
| 2.2 | Definition des axialen Flächenmomentes 2. Grades . . . . . . . . . . . . . | 22 |
| 2.3 | Herleitung des Steinerschen Satzes . . . . . . . . . . . . . . . . . . . | 23 |
| 2.4 | Beispiele für die Herleitung von Formeln für Flächenmomente 2. Grades . . . . | 26 |
| 2.5 | Aufgaben zu Flächenmomenten 2. Grades . . . . . . . . . . . . . . . . . . . | 29 |
| 2.6 | Herleitung der Biegehauptgleichung und der Torsionshauptgleichung . . . . . . | 30 |
| 2.7 | Zusammenhang zwischen Biegemoment und Querkraft . . . . . . . . . . . . . | 32 |
| 2.8 | Differentialgleichung der elastischen Linie . . . . . . . . . . . . . . . . . . . | 34 |
| 2.9 | Beispiele für die Herleitung einer Durchbiegungsgleichung . . . . . . . . . . . . | 40 |
| 2.10 | Eulersche Knickungsgleichung . . . . . . . . . . . . . . . . . . . | 43 |
| | | |
| **3** | **Aus der Statik** . . . . . . . . . . . . . . . . . . . . . . . . . . . . . . | 45 |
| 3.1 | Schwerpunktsbestimmung für den Kreisbogen . . . . . . . . . . . . . . . . . . | 45 |
| 3.2 | Schwerpunktsbestimmung für den Kreisausschnitt . . . . . . . . . . . . . . . | 46 |
| 3.3 | Reibung am Spurzapfen . . . . . . . . . . . . . . . . . . . . . . . . . | 47 |
| 3.4 | Eulersche Seilreibungsformel . . . . . . . . . . . . . . . . . . . | 50 |
| | | |
| **4** | **Lösungen** . . . . . . . . . . . . . . . . . . . . . . . . . . . . . . . . | 52 |
| 4.1 | Lösungen aus der Bewegungslehre . . . . . . . . . . . . . . . . . . . | 52 |
| 4.2 | Lösungen zu Trägheitsmomenten . . . . . . . . . . . . . . . . . . . | 52 |
| 4.3 | Lösungen zu Flächenmomenten 2. Grades . . . . . . . . . . . . . . . . . . . | 54 |
| | | |
| **Sachwortverzeichnis** . . . . . . . . . . . . . . . . . . . . . . . . . . . . | | 56 |

# 1 Aus der Dynamik

## 1.1 Einführung, Geschwindigkeits- und Beschleunigungsbegriff

(Lehrbuch Abschnitt 4.1)

In der Bewegungslehre werden die nebenstehenden vier Definitionsgleichungen verwendet, die einheitlich aufgebaut sind: Eine physikalische Größe wird als *Quotient* von zwei anderen Größen ausgedrückt und Zähler und Nenner sind *Differenzen*. Auch in anderen physikalisch-technischen Bereichen treten solche Quotienten häufig auf. Ein Beispiel dafür ist die Federrate $c$ (auch Federsteifigkeit genannt).

In der Mathematik werden Quotienten dieser Art als *Differenzenquotienten* bezeichnet.

*Beispiele* für Quotientenbildung (Lehrbuchabschnitt in Klammern):

Geschwindigkeit $\quad v = \dfrac{\Delta s}{\Delta t} = \dfrac{s_2 - s_1}{t_2 - t_1}$ (4.1.3)

Beschleunigung $\quad a = \dfrac{\Delta v}{\Delta t} = \dfrac{v_2 - v_1}{t_2 - t_1}$ (4.1.4)

Winkel-
geschwindigkeit $\quad \omega = \dfrac{\Delta \varphi}{\Delta t} = \dfrac{\varphi_2 - \varphi_1}{t_2 - t_1}$ (4.2.6)

Winkel-
beschleunigung $\quad \alpha = \dfrac{\Delta \omega}{\Delta t} = \dfrac{\omega_2 - \omega_1}{t_2 - t_1}$ (4.3.2)

Federrate $\quad c = \dfrac{\Delta F}{\Delta s} = \dfrac{F_2 - F_1}{s_2 - s_1}$ (4.5.3)

Trägt man gemessene Werte für die Größen eines Differenzenquotienten im rechtwinkligen Achsenkreuz auf und verbindet die Meßpunkte miteinander, dann erhält man den Graphen der Funktion. So ergeben die Meßwerte für die Federkraft $F$ und für den Federweg (Spannweg) $s$ einer Schraubenfeder den Graphen der Funktion $F(s)$.

*Beispiele* für die graphische Darstellung von Differenzenquotienten im Lehrbuch:

$s, t$-Diagramm (4.1.3)
$v, t$-Diagramm (4.1.5)
$F, s$-Diagramm (4.5.3)

Sind Zähler und Nenner des Differenzenquotienten *linear* voneinander abhängig, dann ist der Graph eine Gerade und man kommt für alle Problemlösungen ohne die höhere Mathematik aus, wie es im Lehrbuch gezeigt wird. Im allgemeinen Falle ist die Abhängigkeit jedoch *nichtlinear*. Beispiele dafür zeigen die $v, t$-Diagramme im Lehrbuch Abschnitt 4.1.1 und das nebenstehende Federkraft-Federweg-Diagramm einer Schraubenfeder mit ansteigender (progressiver) Kennlinie. Solche Federn werden beispielsweise im Fahrzeugbau verwendet.

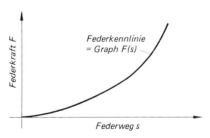

$F, s$-Diagramm einer progressiv wirkenden Schraubenfeder

1

Aus den vereinfacht skizzierten Diagrammen mit *linearer* Abhängigkeit der jeweiligen Größen läßt sich eine *geometrische* Erklärung für Differenzquotienten herauslesen:

Der Differenzenquotient ist ein Maß für die „Steilheit" des Graphen, denn der jeweilige Quotient entspricht dem Tangens des Neigungswinkels $\alpha$ der Geraden.

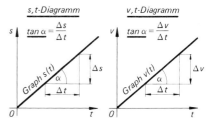

Die eingezeichneten Dreiecke sind die *Steigungsdreiecke* mit dem *Steigungswinkel* $\alpha$. Im folgenden soll die Bezeichnung „Steigung" für den Tangens des Steigungswinkels verwendet werden. Anschauliches Beispiel: Die *Steigung* einer Straße im Längsschnitt ist der Quotient aus dem Höhenunterschied und der horizontalen Meßlänge, also der Tangens des Steigungswinkels.

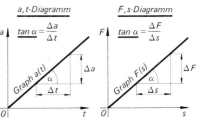

Am Beispiel einer *nichtlinearen* Funktion $s(t)$ für einen ungleichförmigen Bewegungsablauf soll die Bedeutung des Differenzenquotienten für den *allgemeinen* Fall untersucht werden. Auch hier lassen sich beliebige Steigungsdreiecke einzeichnen. Im Unterschied zu den Fällen mit linearer Abhängigkeit ist hier der Differenzenquotient ein Maß für die *mittlere* Steigung eines ausgewählten Kurvenstücks zwischen zwei Punkten $P_1$ und $P_2$ des Graphen $s(t)$. Darüber hinaus hängt der Steigungswinkel von der Lage und Größe des Steigungsdreiecks ab. Im Unterschied zum konstanten Steigungswinkel $\alpha$ im Falle der gleichförmigen Bewegung wird er deshalb mit $\sigma$ bezeichnet.

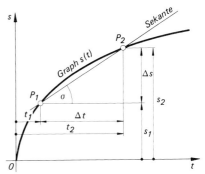

$s,t$-Diagramm einer ungleichförmigen Bewegung

$$\frac{\Delta s}{\Delta t} = \frac{s_2 - s_1}{t_2 - t_1} \,\hat{=}\, \tan \sigma \neq \text{konstant}$$

Aus der Bewegungslehre im Lehrbuchabschnitt 4.1.3 wissen wir, daß der Differenzenquotient $\Delta s/\Delta t$ die *Geschwindigkeit* $v$ für einen *gleichförmigen* Bewegungsablauf ist ($v = \Delta s/\Delta t = \text{konstant}$). Der Graph $s(t)$ ist dann eine Gerade. Im Falle der *ungleichförmigen* Bewegung gibt der Differenzenquotient als Steigung nur die *mittlere* Geschwindigkeit $v_\mathrm{m}$ zwischen zwei willkürlich ausgewählten Zeitpunkten $t_1$ und $t_2$ an. $v_\mathrm{m}$ ist diejenige Geschwindigkeit, mit der sich ein Körper bewegen würde, wenn die *Sekante* im $s,t$-Diagramm der Graph $s(t)$ wäre.

$$v_\mathrm{m} = \frac{\Delta s}{\Delta t} = \frac{s_2 - s_1}{t_2 - t_1} \,\hat{=}\, \tan \sigma$$

(vergleiche mit Lehrbuch 4.1.4)

2

Soll für einen ungleichförmigen Bewegungsablauf die *Momentangeschwindigkeit* $v$ zu einem bestimmten Zeitpunkt (z.B. $t_1$) gefunden werden, dann ist nach dem Tangens des Steigungswinkels $\alpha$ der *Tangente* im Kurvenpunkt $P_1$ gefragt, also nach der Steigung der Tangente in $P_1$. Das ist das Grundproblem der Differentialrechnung.[1]) Man denkt sich die Sekante um Punkt $P_1$ gedreht, bis sie zur Tangente in $P_1$ wird. Bei dieser Drehung wandert der Kurvenpunkt $P_2$ nach $P_1$ und die Sekante dreht sich immer mehr in die Lage der Tangente hinein. Dabei wird der Zeitabschnitt $\Delta t$ immer kleiner und die mittlere Geschwindigkeit $v_m$ nähert sich immer mehr der Momentangeschwindigkeit $v$. In der Sprache der Differentialrechnung heißt das:

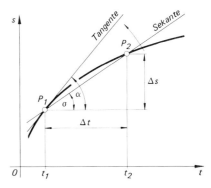

$s, t$-Diagramm einer ungleichförmigen Bewegung

> Die Momentangeschwindigkeit $v(t)$ in einer ungleichförmigen Bewegung ist der Grenzwert der mittleren Geschwindigkeit für $\Delta t \Rightarrow 0$; sie ist damit die 1. Ableitung der Weg-Zeit-Funktion.

$$v(t) = \lim_{\Delta t \to 0} \frac{\Delta s}{\Delta t} = \frac{ds}{dt} = \dot{s}(t)$$

*Beachte*: In der Kurzschreibweise wird die Ableitung einer physikalischen Größe *nach der Zeit* durch den Punkt gekennzeichnet.

Genau die gleichen Überlegungen, angestellt mit der Gleichung für die mittlere Beschleunigung $a_m = \Delta v/\Delta t$ (Lehrbuch 4.1.4) in Verbindung mit dem $v, t$-Diagramm führen zur *Momentanbeschleunigung* $a$:

> Die Momentanbeschleunigung $a(t)$ in einer ungleichförmigen Bewegung ist der Grenzwert der mittleren Beschleunigung für $\Delta t \Rightarrow 0$; sie ist damit die 1. Ableitung der Geschwindigkeit-Zeit-Funktion.

$$a(t) = \lim_{\Delta t \to 0} \frac{\Delta v}{\Delta t} = \frac{dv}{dt} = \dot{v}(t)$$

Da die Geschwindigkeit $v(t)$ die 1. Ableitung der Weg-Zeit-Funktion ist, kann die Beschleunigung $a(t)$ auch als 2. Ableitung derselben Funktion geschrieben werden.

$$a(t) = \dot{v}(t) = \ddot{s}(t)$$

---

[1]) Vom Problem der Tangentensteigung ging *Leibnitz* (1646–1716) aus, als er die Differentialrechnung entwickelte. Unabhängig davon kam *Newton* (1642–1727) über den Geschwindigkeitsbegriff zur Differentialrechnung.

## 1.2 Gegenüberstellung der Größen und Funktionen der Bewegungslehre mit den Begriffen der Infinitesimalrechnung

Im vorangegangenen Abschnitt sind die Größen Geschwindigkeit und Beschleunigung mit den Begriffen der Differentialrechnung definiert worden. In diesem Abschnitt werden die Funktionen $s(t)$, $v(t)$ und $a(t)$ nochmals im Zusammenhang mit der Differentialrechnung betrachtet und dann auf ihre Beziehung zur Integralrechnung untersucht.

*Stammfunktion* ist die Weg-Zeit-Funktion $s(t)$. Die Steigung dieser Funktion ist das Verhältnis

$$\frac{\text{Wegänderung } ds}{\text{Zeitänderung } dt} = \text{Geschwindigkeit } v(t).$$

Die Geschwindigkeit $v$ zu einem beliebigen Zeitpunkt $t_1$ wird aus der Tangentensteigung an dieser Stelle ermittelt.

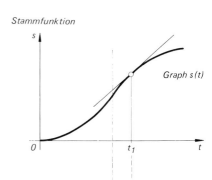

*Stammfunktion*

Graph $s(t)$

*1. Ableitungsfunktion* der Stammfunktion $s(t)$ ist die Geschwindigkeit-Zeit-Funktion $v(t)$:

$$v(t) = \frac{d\,[s(t)]}{dt} = \dot{s}(t)$$

Die Steigung dieser Funktion ist das Verhältnis

$$\frac{\text{Geschwindigkeitsänderung } dv}{\text{Zeitänderung } dt} = \frac{\text{Beschleu-}}{\text{nigung } a(t)}$$

Die Beschleunigung $a$ zu einem beliebigen Zeitpunkt $t_1$ wird aus der Tangentensteigung an dieser Stelle ermittelt.

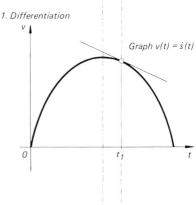

*1. Differentiation*

Graph $v(t) = \dot{s}(t)$

*2. Ableitungsfunktion* der Stammfunktion $s(t)$ ist die Beschleunigung-Zeit-Funktion $a(t)$:

$$a(t) = \frac{d\,[v(t)]}{dt} = \dot{v}(t)$$

$$a(t) = \frac{d^2\,[s(t)]}{dt^2} = \ddot{s}(t)$$

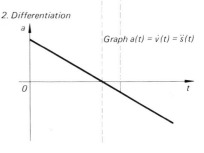

*2. Differentiation*

Graph $a(t) = \dot{v}(t) = \ddot{s}(t)$

4

Auf der vorhergehenden Seite wurde mit Hilfe der *Differentialrechnung* zu einer gegebenen Funktion die Ableitungsfunktion (der Differentialquotient) ermittelt. So wurde aus der gegebenen Weg-Zeit-Funktion $s(t)$ die Geschwindigkeit-Zeit-Funktion $v(t) = \dot{s}(t)$ entwickelt (1. Ableitungsfunktion) und dann aus der Geschwindigkeit-Zeit-Funktion $v(t)$ die Beschleunigung-Zeit-Funktion $a(t) = \dot{v}(t)$ als 2. Ableitungsfunktion.

Die *Integralrechnung* führt von der gegebenen Ableitungsfunktion (dem Differentialquotienten) *zurück* zur Stammfunktion, wie die folgenden Schritte zeigen.

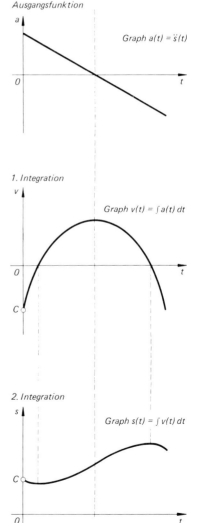

*Ausgangsfunktion* ist die Beschleunigung-Zeit-Funktion $a(t)$:

$$a(t) = \frac{d\,[v(t)]}{dt} = \dot{v}(t)$$

Diese Funktion können wir zweimal integrieren. Es ergeben sich dann die folgenden zwei Integralfunktionen.

*1. Integralfunktion* der Beschleunigung-Zeit-Funktion $a(t)$ ist die Geschwindigkeit-Zeit-Funktion $v(t)$:

$$v(t) = \int a(t)\,dt$$

Die beim Lösen des unbestimmten Integrals hinzutretende Integrationskonstante $C$ hat dabei die Bedeutung einer Anfangsgeschwindigkeit $v_0$ zum Zeitpunkt $t = 0$. Sie wird aus den Randbedingungen ermittelt (siehe Beispiele).

*2. Integralfunktion* der Beschleunigung-Zeit-Funktion $a(t)$ und damit auch 1. Integralfunktion der Geschwindigkeit-Zeit-Funktion $v(t)$ ist die Weg-Zeit-Funktion $s(t)$:

$$s(t) = \int v(t)\,dt$$

Die Integrationskonstante $C$ hat die Bedeutung einer Wegmarke, die zum Zeitpunkt $t = 0$ erreicht ist.

5

*Nachbetrachtung*

Mit dem jetzigen Erkenntnisstand können die im Lehrbuch verwendeten Gleichungen aus Differenzenquotienten im Sinne der Differentialrechnung gedeutet und gebraucht werden. Beispielsweise steht im Lehrbuch für die Geschwindigkeit die Gleichung $v = \Delta s/\Delta t$. Der Differenzenquotient $\Delta s/\Delta t$ ist die Steigung der *Sekante* für zwei Kurvenpunkte im allgemeinen Fall der ungleichförmigen Bewegung und damit die *mittlere* Geschwindigkeit. Der Differentialquotient $ds/dt$ dagegen ist die Steigung der *Tangente* an einen Kurvenpunkt und damit die *Momentan*geschwindigkeit $v$. Dieser Übergang vom Differenzenquotienten zum Differentialquotienten läßt sich auch auf weitere Lehrbuchgleichungen anwenden, wie die folgende Gegenüberstellung in vereinfachter Schreibweise zeigt.

**Differenzenquotienten**

**Differentialquotienten**

mittlere Geschwindigkeit $\quad v_m = \dfrac{\Delta s}{\Delta t} \quad \Longrightarrow \quad$ Momentangeschwindigkeit $\quad v = \dfrac{ds}{dt}$

mittlere Beschleunigung $\quad a_m = \dfrac{\Delta v}{\Delta t} \quad \Longrightarrow \quad$ Momentanbeschleunigung $\quad a = \dfrac{dv}{dt}$

mittlere Federrate $\quad c_m = \dfrac{\Delta F}{\Delta s} \quad \Longrightarrow \quad$ punktuelle Federrate $\quad c = \dfrac{dF}{ds}$

mittlere Leistung $\quad P_m = \dfrac{\Delta W}{\Delta t} \quad \Longrightarrow \quad$ Momentanleistung $\quad P = \dfrac{dW}{dt}$

Daß im Lehrbuch die Formelzeichen $v$, $a$, $c$ und $P$ verwendet werden und nicht $v_m$, $a_m$, $c_m$ und $P_m$ ist berechtigt, denn dort sind Zähler und Nenner der Differenzenquotienten *linear* voneinander abhängig und die Steigung der Sekante ist mit der Steigung der Tangente identisch.

Die Aufzählung ist nicht vollständig. Weitere Beispiele können im Lehrbuch und in anderen Büchern für viele physikalisch-technische Bereiche gefunden werden.

## 1.3 Weg als Zeitintegral der Geschwindigkeit

Im Abschnitt 1.2 wurden die Beziehungen zwischen der Differential- und Integralrechnung und den Funktionen der Bewegungslehre dargestellt. Daraus geht hervor, daß sich die Größen Weg $s$ und Geschwindigkeit $v$ auch von den Ableitungen her mit Hilfe der Integralrechnung definieren und berechnen lassen.

Zur Wegberechnung bei der gleichförmigen Bewegung wird im Lehrbuch Abschnitt 4.1.3 sinngemäß festgestellt:

> Der zurückgelegte Weg $s$ entspricht der Fläche $A$ unter der Geschwindigkeitslinie im $v, t$-Diagramm.
> Kurz: Diagrammfläche $A \,\hat{=}\,$ Wegabschnitt $\Delta s$.

Diese Regel gilt auch für die ungleichförmige Bewegung, jedoch sind im allgemeinen Falle die Flächen unter der Geschwindigkeitslinie im $v, t$-Diagramm krummlinig begrenzt. Dann kann der Flächeninhalt nicht mehr mit den Formeln der einfachen Geometrie berechnet werden.

Eine *Näherungslösung* ist möglich durch senkrechte Aufteilung der Diagrammfläche in $n$ Streifen von der gleichen Breite $\Delta t$ und der veränderlichen Höhe $v(t)$, wie das im nebenstehenden $v, t$-Diagramm für den Abschnitt zwischen den Zeitpunkten $t_1$ und $t_2$ geschehen ist. Jeder Flächenstreifen entspricht einem kleinen Wegabschnitt $\Delta s$, der jedoch nur annähernd genau berechnet werden kann, weil jeder Streifen oben von einem krummlinigen Kurvenstück begrenzt wird.

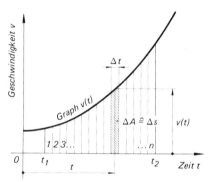

$v, t$-Diagramm einer ungleichförmigen Bewegung (allgemeiner Fall)

$$\Delta A \,\hat{=}\, \Delta s$$
$$\Delta s \approx v(t)\,\Delta t$$

Die Summe der kleinen Wegabschnitte $\Delta s$ ergibt dann angenähert den zurückgelegten Weg $s$.

$$s \approx \sum_{1}^{n} v(t)\,\Delta t$$

Den *genauen* Betrag des Weges $s$ erhalten wir durch eine Grenzwertbildung, bei der
- die Anzahl der Produkte $\Delta s = v(t)\,\Delta t$ gegen $\infty$ und
- der Faktor $\Delta t$ gegen Null

streben.
Aus dieser Grenzwertbildung ergibt sich das *Integral* $\int v(t)\,dt$.

$$s = \lim_{n \to \infty} \sum_{1}^{n} v(t)\,\Delta t = \int v(t)\,dt$$

Für die Berechnung eines *bestimmten* Weges $s$ muß die Fläche durch eine linke und rechte *Begrenzung* eindeutig festgelegt sein. Es sind dies die Zeitpunkte für

- den Beginn der Wegmessung = $\begin{array}{l}\text{untere Grenze}\\\text{des Integrals}\end{array}$

und

- das Ende der Wegmessung = $\begin{array}{l}\text{obere Grenze}\\\text{des Integrals}\end{array}$

Mit diesen Grenzen läßt sich der Weg $s$ als *bestimmtes* Integral definieren und berechnen.

Der Weg $s(t)$ eines ungleichförmig bewegten Körpers im Zeitabschnitt von $t_1$ bis $t_2$ ist das *bestimmte* Integral

$$s(t) = \int_{t_1}^{t_2} v(t)\,dt$$

Der Weg $s(t)$ entspricht dem Inhalt der Fläche, die oben von der Kurve $v(t)$, seitlich von den Begrenzungsgeraden und unten von der Abszissenachse begrenzt wird.

## 1.4 Beispiele aus der Bewegungslehre

1. Eine verzögerte Bewegung folgt der Weg-Zeit-Funktion $s(t) = v_0\,t - a\,t^2$.

   Es sind die Momentangeschwindigkeiten in Sekundenabständen von $t_1 = 0$ bis $t_5 = 4\,\text{s}$ zu berechnen.

*Gegeben:*
Weg-Zeit-Funktion $\qquad s(t) = v_0\,t - a\,t^2$
Anfangsgeschwindigkeit $v_0 = 2\,\dfrac{\text{m}}{\text{s}}$
Konstante $\qquad\qquad a = 0{,}25\,\dfrac{\text{m}}{\text{s}^2}$

*Gesucht:*
Geschwindigkeit-Zeit-Funktion $v(t)$
Momentangeschwindigkeit $v_1, v_2, v_3, v_4, v_5$
zu den Zeitpunkten $t_1 = 0$, $t_2 = 1\,\text{s}$, $t_3 = 2\,\text{s}$, $t_4 = 3\,\text{s}$, $t_5 = 4\,\text{s}$

*Lösung:*

Nach Abschnitt 1.1 ist die Geschwindigkeit-Zeit-Funktion $v(t)$ die 1. Ableitung der Weg-Zeit-Funktion $s(t)$, das heißt, die gegebene Funktion $s(t)$ muß differenziert werden (Regeln siehe AH 1, Tafel 1.36).

$$v(t) = \dot{s}(v_0\,t - a\,t^2) = \dot{s}(v_0\,t) - \dot{s}(a\,t^2)$$
$$v(t) = v_0 - 2\,a\,t$$

Mit den gegebenen konstanten Größen können nun die geforderten Momentangeschwindigkeiten berechnet werden.

$v_1 = v_0 = 2\,\dfrac{\text{m}}{\text{s}}$ (wegen $t_1 = 0$)

$v_2 = 2\,\dfrac{\text{m}}{\text{s}} - 2 \cdot 0{,}25\,\dfrac{\text{m}}{\text{s}^2} \cdot 1\,\text{s} = 1{,}5\,\dfrac{\text{m}}{\text{s}}$

$v_3 = 1\,\dfrac{\text{m}}{\text{s}}$; $\ v_4 = 0{,}5\,\dfrac{\text{m}}{\text{s}}$, $\ v_5 = 0$

Das skizzierte $v, t$-Diagramm zeigt als Graphen der ermittelten Geschwindigkeit-Zeit-Funktion $v(t) = v_0 - 2at$ eine fallende Gerade, wie wir sie aus den Lehrbuchabschnitten 4.1.2 und 4.1.4 als Kennzeichen einer gleichmäßig verzögerten Bewegung kennen.

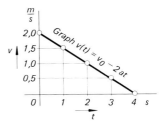

8

2. Ein Bewegungsvorgang läuft nach der Geschwindigkeit-Zeit-Funktion $v(t) = v_0 + k\,t^2$ ab. Für die gegebenen Konstanten $v_0$ und $k$ ist der während des Zeitabschnittes von $t_1 = 0$ bis $t_2 = 3\,\text{s}$ zurückgelegte Weg $s_1$ zu berechnen.

*Gegeben:*

Geschwindigkeit-Zeit-Funktion $v(t) = v_0 + k\,t^2$

Konstante $v_0 = 1\,\frac{\text{m}}{\text{s}}$ ; Konstante $k = 0{,}25\,\frac{\text{m}}{\text{s}^3}$

*Gesucht:*   Weg $s_1$

*Lösung:*

Das zur Wegberechnung erforderliche bestimmte Integral ist aus Abschnitt 1.3 bekannt. Die untere Grenze des bestimmten Integrals ist $t_1$, die obere $t_2$. Die Integrationsregeln können AH 1, Tafel 1.38 entnommen werden.

$$s(t) = \int_{t_1}^{t_2} v(t)\,dt = \int_{t_1}^{t_2} (v_0 + k\,t^2)\,dt$$

$$s(t) = v_0 \int_{t_1}^{t_2} dt + k \int_{t_1}^{t_2} t^2\,dt$$

$$s(t) = v_0 \left[t\right]_{t_1}^{t_2} + k \left[\frac{t^3}{3}\right]_{t_1}^{t_2}$$

Mit $t_2 = 3\,\text{s}$ und $t_1 = 0$ ergibt die Ausrechnung des bestimmten Integrals den Weg $s_1 = 5{,}25\,\text{m}$.

$$s_1 = 1\,\frac{\text{m}}{\text{s}} \cdot 3\,\text{s} + 0{,}25\,\frac{\text{m}}{\text{s}^3} \cdot \frac{(3\,\text{s})^3}{3} = 3\,\text{m} + 2{,}25\,\text{m}$$

$$s_1 = 5{,}25\,\text{m}$$

3. Ein Bewegungsvorgang kann durch die Geschwindigkeit-Zeit-Funktion $v(t) = a_0 t - k\,t^2$ beschrieben werden. $a_0$ und $k$ sind gegebene Konstante.

*Gegeben:*

Geschwindigkeit-Zeit-Funktion $v(t) = a_0 t - k\,t^2$

Konstante $a_0 = 4\,\frac{\text{m}}{\text{s}^2}$ ; Konstante $k = 1\,\frac{\text{m}}{\text{s}^3}$

*Gesucht:*

a) Beschleunigung-Zeit-Funktion $a(t)$
b) Beschleunigung $a_1$ zum Zeitpunkt $t_1 = 0$
c) Höchstgeschwindigkeit $v_{\max}$
d) Weg $s_2$ im Zeitabschnitt zwischen $t_1 = 0$ und $t_2 = 4\,\text{s}$

*Lösung:*

a) Die Beschleunigung-Zeit-Funktion $a(t)$ ist die 1. Ableitung der gegebenen Geschwindigkeit-Zeit-Funktion $v(t)$. Folglich müssen wir die Funktion $v(t)$ differenzieren.

$a(t) = \dot{v}(a_0 t - k\,t^2)$

$a(t) = \dot{v}(a_0 t) - \dot{v}(k\,t^2)$

$a(t) = a_0 - 2\,k\,t$

b) Für $t_1 = 0$ wird das zweite Glied der Gleichung $a(t)$ gleich Null, das heißt, die Beschleunigung $a_1$ ist gleich dem konstanten Glied $a_0$.

$a_1 = a_0 = 4\,\frac{\text{m}}{\text{s}^2}$

c) Die Höchstgeschwindigkeit $v_{\max}$ ist das Maximum der Funktion $v(t)$. Zu diesem Zeitpunkt $t_x$ ist die Steigung gleich Null, also auch die Beschleunigung. Die 1. Ableitung der Funktion $a(t)$ ist daher gleich Null zu setzen und die Gleichung nach $t_x$ aufzulösen.

$a(t) = a_0 - 2\,k\,t_x = 0$

$$t_x = \frac{a_0}{2\,k} = \frac{4\,\frac{\text{m}}{\text{s}^2}}{2 \cdot 1\,\frac{\text{m}}{\text{s}^3}} = 2\,\text{s}$$

9

Der errechnete Zeitpunkt $t_x = 2\,$s wird in die Gleichung $v(t)$ eingesetzt und damit $v_{max}$ bestimmt.

$$v_{max} = a_0\,t_x - k\,t_x^2$$

$$v_{max} = 4\,\frac{m}{s^2} \cdot 2\,s - 1\,\frac{m}{s^3} \cdot 2^2\,s^2 = 4\,\frac{m}{s}$$

d) Der Weg $s_2$ ist die Integralfunktion der gegebenen Funktion $v(t)$ und kann auf zwei Wegen ermittelt werden:

$$s_2 = \int\limits_{t_1}^{t_2} v(t)\,dt = \int\limits_{t_1}^{t_2} (a_0\,t - k\,t^2)\,dt$$

- als *bestimmtes* Integral in den Grenzen von $t_1 = 0$ bis $t_2 = 4\,$s.

$$s_2 = \frac{a_0}{2}\Big[t^2\Big]_{t_1}^{t_2} - \frac{k}{3}\Big[t^3\Big]_{t_1}^{t_2}$$

$$s_2 = \frac{4\,\frac{m}{s^2}}{2}\,4^2\,s^2 - \frac{1\,\frac{m}{s^3}}{3}\,4^3\,s^3 = 10{,}67\,m$$

- als *unbestimmtes* Integral. Die Integration ergibt dann die Weg-Zeit-Funktion $s(t)$ mit der Integrationskonstanten $C$, die sich aus der Randbedingung $t = 0 \Rightarrow s = 0 \Rightarrow C = 0$ ergibt (zum Zeitpunkt $t = 0$ ist auch der Weg $s = 0$, folglich ist auch $C = 0$). Mit $t_2 = 4\,$s ergibt die Rechnung wieder $s_2 = 10{,}67\,$m.

$$s_2 = \int v(t)\,dt = \int (a_0\,t - k\,t^2)\,dt$$

$$s_2 = \frac{a_0}{2}\,t^2 - \frac{k}{3}\,t^3 + C = \frac{4\,\frac{m}{s^2}}{2}\,4^2\,s^2 - \frac{1\,\frac{m}{s^3}}{3}\,4^3\,s^3 + C$$

$$s_2 = 10{,}67\,m$$

4. Bei der Vollbremsung eines Fahrzeuges ist die Bremswirkung nicht konstant, sondern abnehmend. Die Bewegung ist dadurch ungleichmäßig verzögert. Es wird eine Beschleunigung-Zeit-Funktion $a(t) = -a_0 + k\,t$ angenommen.

*Gegeben:*

Beschleunigung-Zeit-Funktion $a(t) = -a_0 + k\,t$

Konstante $a_0 = 4\,\frac{m}{s^2}$;  Konstante $k = 0{,}2\,\frac{m}{s^3}$

*Gesucht:*

a) die Bremszeit $t_1$ für eine Vollbremsung aus einer Geschwindigkeit $v_{01} = 90\,\frac{km}{h}$,

b) der Bremsweg $s_1$.

c) Welche Geschwindigkeit $v_{02}$ hatte das Fahrzeug vor dem Bremsen, wenn es schon nach $t_2 = 3\,$s zum Stillstand kommt?

*Lösung:*

a) Die gegebene Beschleunigung-Zeit-Funktion $a(t)$ ist die 1. Ableitung der zugehörigen Geschwindigkeit-Zeit-Funktion. Folglich können wir die Geschwindigkeit-Zeit-Funktion aus der Beschleunigung-Zeit-Funktion durch Integration entwickeln.

$$v(t) = \int a(t)\,dt = \int (k\,t - a_0)\,dt$$

$$v(t) = \frac{k}{2}\,t^2 - a_0\,t + C_1$$

Die Integrationskonstante $C_1$ ist die Geschwindigkeit zum Zeitpunkt Null, also die Anfangsgeschwindigkeit $v_{01}$.

$$C_1 = v_{01} = 90\,\frac{km}{h} = 25\,\frac{m}{s}$$

$$v(t) = 0{,}1\,\frac{m}{s^3}\,t_1^2 - 4\,\frac{m}{s^2}\,t_1 + 25\,\frac{m}{s}$$

Zum Zeitpunkt $t_1$ ist die Geschwindigkeit auf Null abgesunken, also ist $v_1 = 0$.

Aus der Gleichung $v(t) = v_1 = 0$ erhalten wir eine gemischt-quadratische Gleichung für die gesuchte Zeit $t_1$. Von ihren beiden Lösungen ist nur die kleinere sinnvoll, weil bereits nach $t_1 = 7{,}75\,\text{s}$ das Fahrzeug stillsteht.

$$v_1 = 0 = 0{,}1\,\tfrac{\text{m}}{\text{s}^3}\,t_1^2 - 4\,\tfrac{\text{m}}{\text{s}^2}\,t_1 + 25\,\tfrac{\text{m}}{\text{s}}$$

$$t_1^2 - 40\,\text{s}\cdot t_1 + 250\,\text{s}^2 = 0$$

$$t_1 = 7{,}75\,\text{s}$$

b) Der Bremsweg $s_1$ ist das bestimmte Integral der Geschwindigkeit-Zeit-Funktion in den Grenzen von Null bis $t_1 = 7{,}75\,\text{s}$.

$$s_1 = \int_0^{t_1} v(t)\,\mathrm{d}t = \int_0^{t_1}\left(\frac{k}{2}\,t^2 - a_0\,t + C_1\right)\mathrm{d}t$$

$$s_1 = \frac{k}{2}\,\frac{t_1^3}{3} - a_0\,\frac{t_1^2}{2} + C_1 t_1$$

$$s_1 = \frac{0{,}2\,\tfrac{\text{m}}{\text{s}^3}\cdot 7{,}75^3\,\text{s}^3}{6} - \frac{4\,\tfrac{\text{m}}{\text{s}^2}\cdot 7{,}75^2\,\text{s}^2}{2} + 25\,\tfrac{\text{m}}{\text{s}}\cdot 7{,}75\,\text{s} = 89{,}15\,\text{m}$$

c) Wir gehen von der unter a) ermittelten Funktion $v(t)$ aus. Zum Zeitpunkt $t_2 = 3\,\text{s}$ ist die Geschwindigkeit auf $v_2 = 0$ gesunken.

Wir setzen $t_2 = 3\,\text{s}$ in diese Gleichung ein und erkennen, daß die Integrationskonstante $C_2$ die einzige Unbekannte ist. Es ist die gesuchte Anfangsgeschwindigkeit $v_{02}$.

$$v(t) = \frac{k}{2}\,t^2 - a_0\,t + C_1$$

$$v_2 = 0 = \frac{k}{2}\,t_2^2 - a_0\,t_2 + C_2$$

$$v_{02} = C_2 = a_0\,t_2 - \frac{k}{2}\,t_2^2$$

$$v_{02} = 4\,\tfrac{\text{m}}{\text{s}^2}\cdot 3\,\text{s} - \frac{0{,}2\,\tfrac{\text{m}}{\text{s}^3}}{2}\cdot 3^2\,\text{s}^2 = 11{,}1\,\tfrac{\text{m}}{\text{s}}$$

Zur Veranschaulichung des Lösungsganges können die Bewegungsdiagramme herangezogen werden.

Die *gegebene* Funktion $a(t)$ wird graphisch durch eine steigende Gerade dargestellt, die bei $a_0 = -4\,\text{m/s}^2$ die senkrechte Achse schneidet.

Die *gesuchte* Funktion $v(t)$ wird damit zu einer Parabel 2. Ordnung. Der Schnittpunkt ihres Graphen mit der $v$-Achse ist die gegebene Geschwindigkeit $v_{01} = 25\,\text{m/s}$. Sie ist zugleich die Integrationskonstante $C_1$. Der Graph hat eine negative Steigung, die nach rechts kleiner wird. Sie entspricht der abnehmenden Verzögerung $a(t)$.

Der gestrichelt gezeichnete Graph gehört zur Lösung c). Es handelt sich um die gleiche Kurve $v(t)$. Sie ist nur so nach unten verschoben, daß sie bei der gegebenen Zeit $t_2 = 3\,\text{s}$ die $t$-Achse schneidet. Der Schnittpunkt mit der $v$-Achse ist die gesuchte Geschwindigkeit $v_{02} = 11{,}1\,\text{m/s}$. Diese ist zugleich die Integrationskonstante $C_2$.

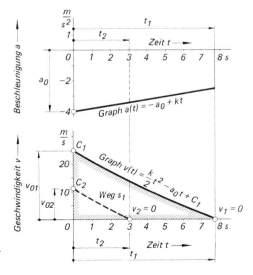

11

# 1.5 Aufgaben aus der Bewegungslehre

**Aufgabe 1:** Ein Fahrzeug wird aus dem Stillstand beschleunigt. Seine Geschwindigkeit steigt nach der Funktion $v(t) = a_0 t - k t^2$. Die Konstanten sind $a_0 = 8 \text{ m/s}^2$ und $k = 0,4 \text{ m/s}^3$.

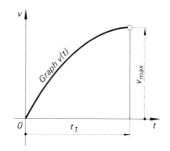

Gesucht sind:

a) die Beschleunigung-Zeit-Funktion $a(t)$,
b) die maximale Beschleunigung $a_{max}$,
c) die Höchstgeschwindigkeit $v_{max}$ und der Zeitpunkt $t_1$, an dem sie erreicht wird,
d) der Weg $s_1$ bis zum Erreichen der Höchstgeschwindigkeit $v_{max}$.

**Aufgabe 2:** Ein Körper wird aus einer Geschwindigkeit $v_0 = 4 \text{ m/s}$ ungleichmäßig bis zum Stillstand verzögert. Seine Geschwindigkeit verläuft nach der Funktion $v(t) = v_0 - k t^2$. Die Konstanten sind $v_0 = 4 \text{ m/s}$ und $k = 0,25 \text{ m/s}^3$.

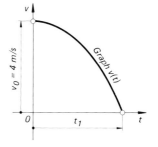

Gesucht sind:

a) die Bremszeit $t_1$,
b) die Verzögerung im Zeitpunkt $t_1$,
c) der Bremsweg $s_1$.

**Aufgabe 3:** Ein Körper fällt frei aus großer Höhe mit einer Anfangsgeschwindigkeit $v_0 = 0$. Durch den Luftwiderstand wird die Fallbeschleunigung zunehmend vermindert. Ist der Luftwiderstand so groß wie die Gewichtskraft geworden, dann ist die Beschleunigung Null und der Körper hat die Höchstgeschwindigkeit erreicht. Es wird ein Beschleunigung-Zeit-Verlauf $a(t) = g - k t$ angenommen. Die Konstanten sind $g = 9,81 \text{ m/s}^2$ (Fallbeschleunigung) und $k = 0,2 \text{ m/s}^3$.

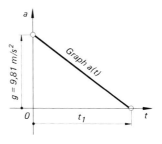

Gesucht sind:

a) die Geschwindigkeit-Zeit Funktion $v(t)$,
b) die Zeit $t_1$, nach der die Höchstgeschwindigkeit $v_{max}$ erreicht wird,
c) die Höchstgeschwindigkeit $v_{max}$,
d) der Fallweg $s_1$ bis zum Erreichen der Höchstgeschwindigkeit $v_{max}$.

**Aufgabe 4**: Ein Fahrzeug fährt mit einer Geschwindigkeit $v_0 = 30 \, \text{m/s}$. Es wird während eines Zeitabschnittes von 10 s ungleichmäßig gebremst. Der Bremsvorgang soll nach einer Funktion $a(t) = -a_0 + kt$ erfolgen. Die Konstanten sind $a_0 = 3 \, \text{m/s}^2$ und $k = 0,2 \, \text{m/s}^3$.

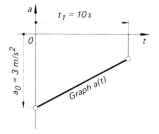

Gesucht sind:

a) die Geschwindigkeit $v_1$ nach $t_1 = 10 \, \text{s}$,

b) der Weg $s_1$, der während des Bremsvorganges zurückgelegt wird.

## 1.6 Das dynamische Grundgesetz für die Drehbewegung und die Definitionsgleichung des Trägheitsmomentes

(Lehrbuch Abschnitt 4.9)

Auch die Entwicklung des dynamischen Grundgesetzes für die Drehbewegung zeigt deutlich, wie leicht es ist, mit dem aus dem Lehrbuch gewonnenen Verständnis auf mathematisch exaktem Wege das gleiche Ziel zu erreichen. Tatsächlich können alle physikalischen Überlegungen und auch der Herleitungsweg selbst uneingeschränkt aus dem Lehrbuch übernommen werden. Für die infinitesimale Behandlung des vorliegenden Problems ist es nur erforderlich, die Massedifferenz $\Delta m$ durch das Massedifferential $dm$ und die Kraftdifferenz $\Delta F_T$ (Tangentialkraft) durch das Kraftdifferential $dF_T$ zu ersetzen. Dann kann sogar der Text aus dem Lehrbuch für die Entwicklung der Gleichungen fast vollständig übernommen werden.

Das dynamische Grundgesetz $F_{res} = ma$ der geradlinigen Bewegung gilt auch für das Massedifferential $dm$ der beschleunigt umlaufenden Scheibe. Für die resultierende Kraft $F_{res}$ setzen wir das Kraftdifferential $dF_T$ ein (Tangentialkraft). Gleichsinnig gerichtet ist die Tangentialbeschleunigung $a_T$. Damit wird aus $F_{res} = ma$ das dynamische Grundgesetz für das Massedifferential $dm$: $dF_T = dm \, a_T$.

Kraftdifferential $dF_T$ und Tangentialbeschleunigung $a_T$ des Massedifferentials $dm$

Multiplizieren wir die Gleichung $dF_T = dm \, a_T$ mit dem beliebigen Radius $r_n$, dann steht links vom Gleichheitszeichen mit $dF_T \, r_n = dM$ das Drehmomentdifferential des Kraftdifferentials $dF_T$ in bezug auf die Drehachse $A$ des beschleunigt umlaufenden Körpers. Außerdem setzen wir für die Tangentialbeschleunigung $a_T = \alpha \, r_n$ ein ($\alpha$ Winkelbeschleunigung).

$$
\begin{aligned}
F_{res} &= ma \\
dF_T &= dm \, a_T \qquad | \cdot r_n \\
dF_T r_n &= dm \, a_T \, r_n \\
dM &= dm \, a_T \, r_n \qquad a_T = \alpha \, r_n \\
dM &= dm \, \alpha \, r_n r_n \\
dM &= \alpha \, dm \, r_n^2
\end{aligned}
$$

Das resultierende Drehmoment $M_{res}$ erhalten wir nun durch Integration. Dabei ändert sich der variable Radius $r_n$ der Massedifferentiale $dm$ in den Grenzen vom kleinsten Radius $r_i$ bis zum größten Radius $r_a$. Das entstehende bestimmte Integral ist das *Trägheitsmoment J* (früher: Massenträgheitsmoment).

$$
M_{res} = \int dM_n = \int \alpha \, r_n^2 \, dm
$$

$$
M_{res} = \alpha \int_{r_n = r_i}^{r_n = r_a} r_n^2 \, dm
$$

$$
M_{res} = \alpha J
$$

Ein Vergleich der vorstehenden Entwicklung mit dem Abschnitt 4.9.1 im Lehrbuch zeigt die Übereinstimmung im Herleitungsaufbau und im Ergebnis, dem dynamischen Grundgesetz für die Drehbewegung $M_{\text{res}} = \alpha\, J$. Der Vorteil der mathematisch exakten Behandlung des physikalischen Problems liegt darin, daß mit der hier gewonnenen Definitionsgleichung für das Trägheitsmoment $J$ mathematisch weitergearbeitet werden kann, im Gegensatz zur Definitionsgleichung im Lehrbuch ($J = \Sigma\, r_n^2\, \Delta m_n$).

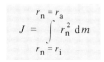

$$J = \int\limits_{r_n = r_i}^{r_n = r_a} r_n^2\, dm$$

Definitionsgleichung für das Trägheitsmoment $J$

## 1.7 Beispiele für die Herleitung von Formeln zur Berechnung von Trägheitsmomenten

(Lehrbuch Abschnitt 4.9.2 und Tafel 4.5)

1. Für den skizzierten Kreiszylinder von der Masse $m$ (Dichte $\rho$), dem Radius $r$ und der Höhe $h$ soll eine Formel zur Berechnung des Trägheitsmomentes $J$ für die Drehachse $x-x$ hergeleitet werden (siehe auch Lehrbuch Abschnitt 4.9.2.2).

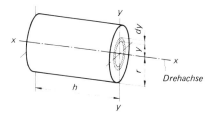

*Lösung:*

Es gilt die Definitionsgleichung für das Trägheitsmoment $J = \int r_n^2\, dm$ nach Abschnitt 1.6. Darin ist $r_n$ der variable Radius, $dm$ ist das Massedifferential. An die Stelle von $r_n$ tritt nach Skizze der Radius $y$.

$$J = \int r_n^2\, dm$$

$$J = \int y^2\, dm$$

Als Massedifferential $dm$ wird der eingezeichnete (sehr dünne) Hohlzylinder mit der Drehachse $x-x$, dem Radius $y$ und der Dicke $dy$ verwendet.

Das Massedifferential $dm$ läßt sich mit den Beziehungen zwischen der Masse $m$, dem Volumen $V$ und der Dichte $\rho$ ausdrücken ($m = V\rho$).

$$dm = dV\,\rho = 2\,\pi\,y\,h\,dy\,\rho$$
$$dm = 2\,\pi\,\rho\,h\,y\,dy$$

Mit den in der Skizze gewählten Bezeichnungen muß in den Grenzen von $y = 0$ bis $y = r$ integriert werden.

$$J = \int\limits_{0}^{r} y^2\, dm = \int\limits_{0}^{r} y^2 \cdot 2\,\pi\,\rho\,h\,y\,dy$$

$$J = 2\,\pi\rho\,h \int\limits_{0}^{r} y^3\, dy$$

Nach AH 1, Tafel 1.39, ist die Lösung des Integrals

$$\int y^n \, dy = \int y^3 \, dy = \frac{y^4}{4}$$

$$J = 2\pi\rho h \left[\frac{y^4}{4}\right]_{y=0}^{y=r} = \frac{2\pi\rho h}{4}\left[y^4\right]_{y=0}^{y=r}$$

Damit ergibt sich für das Trägheitsmoment eines Kreiszylinders in bezug auf die eingezeichnete Drehachse die Formel $J = \pi\rho h r^4/2$ (vergleiche mit Lehrbuch Tafel 4.5).

$$J = \frac{\pi\rho h}{2} r^4 \qquad (1)$$

Für den Kreiszylinder ist das Volumen $V = \pi r^2 h$ und die Masse $m = V\rho$. Gleichung (1) kann mit diesen Beziehungen in eine zweite Form gebracht werden.

$$m = V\rho = \pi r^2 h \rho$$

$$J = \frac{1}{2} \cdot \underbrace{\pi r^2 h \rho}_{m} \cdot r^2$$

$$J = \frac{m r^2}{2} \qquad (2)$$

*Weiterführung:* Denkt man sich den Kreiszylinder in sehr dünne Kreisscheiben aufgeteilt und bleibt die Drehachse $x-x$ als Bezugsachse bestehen, dann kann man eine Gleichung für das Differential $dJ$ des Trägheitsmomentes schreiben. Dazu ist die Größe $h$ durch das Differential $dx$ zu ersetzen.

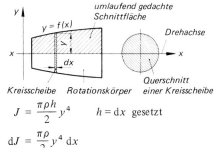

Kreisscheibe  Rotationskörper  Querschnitt einer Kreisscheibe

$$J = \frac{\pi\rho h}{2} y^4 \qquad h = dx \text{ gesetzt}$$

$$dJ = \frac{\pi\rho}{2} y^4 \, dx$$

Man erhält dann eine allgemeine Beziehung für das Trägheitsmoment $J$ eines Rotationskörpers, dessen umlaufend gedachte Schnittfläche durch die Drehachse $x-x$ und durch die Kurve mit der Funktion $y = f(x)$ begrenzt ist.

$$J = \int dJ = \int \frac{\pi\rho}{2} y^4 \, dx$$

Diese Gleichung (3) läßt sich zur Herleitung von Berechnungsformeln von Rotationskörpern verschiedener Form verwenden, wenn die Größe $y$ durch $x$ ausgedrückt werden kann (siehe Beispiel 2).

$$J = \frac{\pi\rho}{2} \int_{x_1}^{x_2} y^4 \, dx \qquad (3)$$

2. Für den skizzierten geraden Kreiskegel von der Masse $m$ (Dichte $\rho$), dem Radius $r$ und der Höhe $h$ soll eine Formel zur Berechnung des Trägheitsmomentes $J$ für die Drehachse $x-x$ hergeleitet werden.

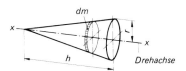

*Lösung:*

Für diese Aufgabe kann die im Beispiel 1 hergeleitete Gleichung (3) verwendet werden.

$$J = \frac{\pi\rho}{2} \int_{x_1}^{x_2} y^4 \, dx$$

16

Der variable Radius $y$ muß durch die Größe $x$ ausgedrückt werden. Die gesuchte Beziehung $y = f(x)$ läßt sich leicht aus dem rechtwinkligen Dreieck ablesen, das von der umlaufend gedachten Schnittfläche des Kreiskegels gebildet wird. Aus der Proportion $y/x = r/h$ erhält man $y = r\,x/h$. Dieser Ausdruck wird in die Integralbeziehung eingesetzt.

Mit den in der Skizze gewählten Bezeichnungen ist in den Grenzen von $x_1 = 0$ bis $x_2 = h$ zu integrieren.

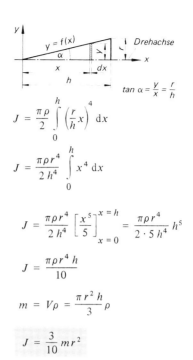

$$\tan \alpha = \frac{y}{x} = \frac{r}{h}$$

$$J = \frac{\pi \rho}{2} \int_0^h \left(\frac{r}{h} x\right)^4 dx$$

$$J = \frac{\pi \rho r^4}{2\,h^4} \int_0^h x^4\, dx$$

Nach AH 1, Tafel 1.39, ist die Lösung des Integrals $\int x^4\, dx = x^5/5$.

Für den geraden Kreiskegel ist das Volumen $V = \pi r^2\, h/3$, also ein Drittel des Volumens für den Kreiszylinder in Beispiel 1.

Kombiniert man die Beziehung für das Volumen $V$ mit der Gleichung für die Masse $m = V\rho$, dann erhält man die im Lehrbuch Tafel 4.5 angegebene Formel zur Berechnung des Trägheitsmomentes eines geraden Kreiskegels ($J = 3\,m\,r^2/10$).

$$J = \frac{\pi \rho r^4}{2\,h^4} \left[\frac{x^5}{5}\right]_{x=0}^{x=h} = \frac{\pi \rho r^4}{2 \cdot 5\,h^4}\, h^5$$

$$J = \frac{\pi \rho r^4\, h}{10}$$

$$m = V\rho = \frac{\pi r^2\, h}{3}\, \rho$$

$$J = \frac{3}{10}\, m\, r^2$$

3. Für den im Punkt $D$ drehbar gelagerten Stab von konstantem Querschnitt soll eine Formel zur Berechnung des Trägheitsmomentes $J$ hergeleitet werden. Die Lösung soll schrittweise vorgeführt werden.

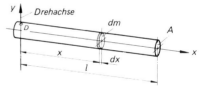

*Lösung:*

Ansatz des Massedifferentials:

$$dm = A\,\rho\, dx$$

Erkennen der Grenzen:

die Grenzen liegen zwischen $x = 0$ und $x = l$ ($x$ läuft von $0\ldots l$)

Ansatz des bestimmten Integrals:

$$J = \int_0^l x^2\, dm = \int_0^l A\,\rho\, x^2\, dx = A\,\rho \int_0^l x^2\, dx$$

Ausrechnen des Integrals nach AH 1, Tafel 1.39:

$$J = A\rho \int_0^l x^2\, dx = A\rho \left[\frac{x^3}{3}\right]_0^l$$

$$J = A\,\rho\frac{l^3}{3} = \underbrace{A\rho\, l}_{m} \cdot \frac{l^2}{3}$$

$$J = \frac{m\,l^2}{3}$$

## 1.8 Aufgaben zu Trägheitsmomenten

**Aufgabe 1:** Für den skizzierten Hohlylinder von der Masse $m$, den Radien $R$ und $r$ sowie der Höhe $h$ soll eine Formel zur Berechnung des Trägheitsmomentes $J$ für die $x$-Achse hergeleitet werden.

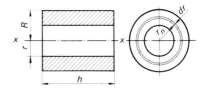

Weiter soll aus der Formel für den Hohlzylinder eine Formel für das Trägheitsmoment des Vollzylinders entwickelt werden.

Lösungsanleitung: Eine Formel für das Massedifferential $dm$ kann aus der Skizze des Hohlzylinders abgelesen werden.

**Aufgabe 2:** Für den skizzierten Quader von der Masse $m$ und den Kantenlängen $b$, $h$, $s$ soll eine Formel zur Berechnung des Trägheitsmomentes $J_x$ für die $x$-Achse hergeleitet werden.

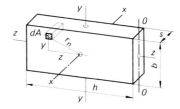

Lösungsanleitung: Als Massedifferential verwendet man zweckmäßig das Quaderelement mit der Grundfläche $dA$ und der Höhe $s$. Damit ist $dm = \rho\, s\, dA$.

**Aufgabe 3:** Entwickle eine Formel zur Berechnung des Trägheitsmomentes $J$ des Quaders im 2. Beispiel für die dort eingetragene Achse $0-0$.

Lösungsanleitung: Es ist der Steinersche Verschiebesatz in bezug auf die beiden Achsen $y-y$ und $0-0$ zu verwenden.

# 2 Aus der Festigkeitslehre

## 2.1 Zug- und Druckstäbe gleicher Spannung

(Lehrbuch Abschnitt 5.2.2.4)

Ein frei herabhängender Stab wird durch seine Gewichtskraft auf Zug beansprucht. Hat der Stab längs seiner Achse konstanten Querschnitt $A$, dann nimmt die Zugspannung $\sigma(x)$ von unten nach oben hin gleichmäßig zu (linearer Spannungsverlauf). Der Nachweis des linearen Spannungsverlaufs längs der Stabachse wird im Lehrbuch Abschnitt 5.2.4 erbracht: $\sigma(x) = \rho\, g x$.

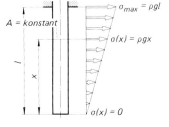

Zugstab von gleichbleibendem *Querschnitt* ($A$ = konstant)

Soll die Spannung $\sigma(x)$ in jedem Querschnitt längs der Stabachse konstant bleiben, zum Beispiel $\sigma(x) = \sigma_{zul} =$ konstant, dann muß der Querschnitt $A(x)$ zur Einspannstelle hin zunehmen. Man spricht vom „Anformen" des Querschnitts (siehe Lehrbuch Abschnitt 5.9.9). Das mathematische Gesetz, nach dem die Querschnittsveränderung längs der Stabachse erfolgen muß, wenn die Bedingung $\sigma(x) =$ konstant eingehalten werden soll, heißt Anformungsgleichung. Sie soll hier für den Fall aufgestellt werden, daß der Zugstab zusätzlich zur Eigengewichtskraft $G(x)$ noch durch eine konstante Zugkraft $F$ belastet wird.

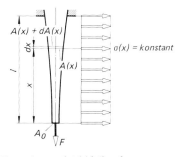

Zugstab von gleichbleibender *Spannung* ($\sigma$ = konstant)

Im Querschnitt $A(x)$ herrscht die Zugspannung $\sigma(x)$. Sie ist gleichmäßig über dem Querschnitt verteilt und daher der Quotient aus der Belastung $F + G(x)$ und der Querschnittsfläche $A(x)$.

$$\sigma(x) = \frac{F + G(x)}{A(x)}$$

$F$ konstante Zugkraft

$G(x)$ Teilgewichtskraft des angeformten Stabes

19

Wächst nun die Länge $x$ um das Längendifferential $dx$, dann wächst für den um $dx$ nach oben verlegten Querschnitt die Belastung um das Gewichtskraftdifferential $dG(x)$. Das Differential $dG(x)$ kann durch die Dichte $\rho$, die Fallbeschleunigung $g$, den Querschnitt $A(x)$ und die Schichtdicke $dx$ ausgedrückt werden, denn es ist $G = mg = V\rho g$ (siehe Lehrbuch Abschnitt 4.4.2).

$$dG(x) = dm(x)g$$
$$dG(x) = dV(x)\rho g$$
$$dV(x) = A(x)dx$$
$$dG(x) = A(x)\rho g\, dx$$

$dm(x)$ Massedifferential

$dV(x)$ Volumendifferential

Soll beim Verlegen des Querschnittes um $dx$ die Zugspannung $\sigma(x) = \sigma_{zul} = $ konstant bleiben, so ist eine Querschnittsvergrößerung um das Querschnittsdifferential $dA(x)$ erforderlich. Nach Lehrbuch Abschnitt 5.2.1 ist $A_{erf} = F/\sigma_{zul}$, hier also $dA(x) = dG(x)/\sigma_{zul}$.

$$dA(x) = \frac{dG(x)}{\sigma_{zul}} = \frac{A(x)\rho g\, dx}{\sigma_{zul}}$$

$$\frac{dA(x)}{A(x)} = \frac{\rho g}{\sigma_{zul}}\, dx$$

Mit der Integrationsregel nach AH 1, Tafel 1.39 liefert die Integration die Gleichung für $\ln A(x)$.

$$\int\frac{dA(x)}{A(x)} = \frac{\rho g}{\sigma_{zul}}\int dx$$

$$\ln A(x) = \frac{\rho g}{\sigma_{zul}}x + C \qquad (1)$$

Mit den Randbedingungen ergibt sich die Integrationskonstante $C$.

Für $x = 0$ ist der Querschnitt

$$A(x) = A_0 = \frac{F}{\sigma_{zul}}\ , \text{ das heißt:}$$

$$C = \ln A(x) = \ln\frac{F}{\sigma_{zul}}$$

Damit kann eine Gleichung für den Querschnittsverlauf längs der Stabachse aufgestellt und als Exponentialfunktion geschrieben werden.

$$\ln A(x) = \frac{\rho g}{\sigma_{zul}}x + \ln\frac{F}{\sigma_{zul}}$$

$$\ln A(x) - \ln\frac{F}{\sigma_{zul}} = \frac{\rho g}{\sigma_{zul}}x$$

Exponentialfunktion:

$$\ln\frac{A(x)}{\dfrac{F}{\sigma_{zul}}} = \frac{\rho g}{\sigma_{zul}}x$$

Nach AH 1, Tafel 1.11 ist $n = \ln e^n$, so daß für $\dfrac{\rho g x}{\sigma_{zul}}$ auch $\ln e^{\frac{\rho g x}{\sigma_{zul}}}$ eingesetzt werden kann.

$$\ln\frac{A(x)}{\dfrac{F}{\sigma_{zul}}} = \ln e^{\frac{\rho g x}{\sigma_{zul}}}$$

Durch Delogarithmieren entsteht die für Rechnungen zweckmäßige Form einer Gleichung für den Querschnittsverlauf längs der Stabachse.

$$A(x) = \frac{F}{\sigma_{zul}}e^{\frac{\rho g x}{\sigma_{zul}}} = A_0\, e^{\frac{\rho g x}{\sigma_{zul}}} \qquad (2)$$

*Beispiel:* Ein 1000 m langer, frei herabhängender Stahlstab von kreisförmigem Querschnitt soll als Zugstab gleicher Spannung angeformt werden.

*Gegeben:*

Zugkraft $F$ = 5000 N

zulässige Zugspannung $\sigma_{zul}$ = $140 \dfrac{N}{mm^2}$

Werkstoffdichte $\rho$ = $7850 \dfrac{kg}{m^3}$

*Gesucht:*

Die Stabdurchmesser $d_0$, $d_1$, $d_2$, $d_3$, $d_4$, $d_5$ für die Längen $x_0 = 0$, $x_1 = 200$ m, $x_2 = 400$ m, $x_3 = 600$ m, $x_4 = 800$ m, $x_5 = 1000$ m.

*Lösung:*

Mit Hilfe der Zughauptgleichung $\sigma_z = F/A$ wird der Durchmesser $d_0$ des Ausgangsquerschnittes $A_0 = \pi d_0^2/4$ berechnet.

*Beachte:* In Gleichung (2) ist bei $x = 0$ der Querschnitt $A(x = 0) = A_0 \cdot 1 = A_0$.

$$\sigma_z = \frac{F}{A} \Rightarrow A_0 = \frac{\pi}{4} d_0^2 = \frac{F}{\sigma_{zul}}$$

$$d_0 = \sqrt{\frac{4 F}{\pi \sigma_{zul}}} = \sqrt{\frac{4 \cdot 5000 \, N}{\pi \cdot 140 \, \dfrac{N}{mm^2}}} = 6{,}743 \; mm$$

Zur Berechnung der Durchmesser $d_1, \ldots, d_5$ wird Gleichung (2) nach $d(x)$ umgeformt. Dabei fällt der Quotient $\pi/4$ heraus.

$$A(x) = \frac{\pi}{4} d(x)^2 = \frac{\pi}{4} d_0^2 \, e^{\frac{\rho g x}{\sigma_{zul}}}$$

$$d(x) = \sqrt{d_0^2 \, e^{\frac{\rho g x}{\sigma_{zul}}}}$$

$$d(x) = d_0 \sqrt{e^{\frac{\rho g x}{\sigma_{zul}}}}$$

Für die Rechnung selbst ist es zweckmäßig, die zulässige Spannung von N/mm² auf kohärente Einheiten umzuschreiben: $1 \, N/mm^2 = 10^6 \, kg \, m/(s^2 \, m^2)$. Der Wurzelausdruck erhält damit die Einheit Eins.

$$d_1 = 6{,}743 \, mm \sqrt{e^{\dfrac{7850 \, \frac{kg}{m^3} \cdot 9{,}81 \, \frac{m}{s^2} \cdot 200 \, m}{140 \cdot 10^6 \, \frac{kg \, m}{s^2 m^2}}}}$$

$$d_1 = 7{,}125 \, mm$$

Mit dem Taschenrechner lassen sich die weiteren Durchmesser leicht ermitteln. Die Ergebnisse machen deutlich, daß eine Anformung unter den gegebenen Umständen technisch unnötig und zu aufwendig wäre.

$d_2 = 7{,}528 \, mm$
$d_3 = 7{,}953 \, mm$
$d_4 = 8{,}403 \, mm$
$d_5 = 8{,}878 \, mm$

## 2.2 Definition des axialen Flächenmomentes 2. Grades

(Lehrbuch Abschnitte 5.7.2 und 5.9.4)

Die Herleitung der Biege-Hauptgleichung $\sigma_b = M_b/W$ im Lehrbuch Abschnitt 5.9.4 führt auf die nebenstehende Gleichung für das Biegemoment $M_b$. Darin ist $\sigma_{max}$ die Randfaserspannung, e der größte Randfaserabstand, $\Delta A$ ein Flächenteilchen im beliebigen Abstand von der $x$-Achse (Schwerachse) des betrachteten Trägerquerschnitts.

$$M_b = \frac{\sigma_{max}}{e} \sum y^2 \, \Delta A$$

Gleichung für das Biegemoment $M_b$, geschrieben mit der Flächendifferenz $\Delta A$ und mit dem Summenzeichen $\Sigma$

Der im Lehrbuch angegebene Herleitungsweg kann ohne Einschränkung übernommen werden. Für die mathematisch exakte Betrachtung ist es nur erforderlich, die Flächendifferenz $\Delta A$ durch das Flächendifferential d$A$ und das Summenzeichen $\Sigma$ durch das Integral $\int$ zu ersetzen. Die restlichen Größen bleiben dieselben.

$$M_b = \frac{\sigma_{max}}{e} \int y^2 \, \mathrm{d}A$$

Gleichung für das Biegemoment $M_b$, geschrieben mit dem Flächendifferential d$A$ und mit dem Integral $\int$

Diese Umstellung führt dann von der im Lehrbuch angegebenen Definitionsgleichung für das axiale Flächenmoment 2. Grades $I = \Sigma\, y^2 \Delta A$ zu der im mathematischen Sinne exakten Definitionsgleichung $I = \int y^2 \, \mathrm{d}A$. In beiden Fällen ist wegen $y^2$ die $x$-Achse die Bezugsachse zur Berechnung des Flächenmomentes $I$.

$$I = \sum y^2 \, \Delta A$$

Definitionsgleichung für $I$ in Differenzenschreibweise

$$I = \int y^2 \, \mathrm{d}A$$

Definitionsgleichung für $I$ in Differentialschreibweise

Die im Lehrbuch Abschnitt 5.7.2 angegebenen Definitionen und Definitionsgleichungen können nun durch die mathematisch exakten ersetzt werden.

$$I_x = \int y^2 \, \mathrm{d}A$$
$$I_y = \int x^2 \, \mathrm{d}A$$

Definitionsgleichungen für die axialen Flächenmomente 2. Grades

Das polare Flächenmoment 2. Grades $I_p$ wird für die Torsionsbeanspruchung gebraucht und steht hier nur zur Vervollständigung der Betrachtung.

$$I_p = \int \rho^2 \, \mathrm{d}A$$

Definitionsgleichung für das polare Flächenmoment 2. Grades

Für die Berechnung axialer Flächenmomente 2. Grades an zusammengesetzten Querschnitten mit bekannten Einzelflächenmomenten und zueinander parallelen Achsensystemen gilt der Steinersche Satz.

$$I_x = I_{x1} + A_1 l_1^2$$
$$I_y = I_{y1} + A_1 l_1^2$$

Steinerscher Satz (siehe Lehrbuch Abschnitt 5.7.6.2 mit Bild)

Dieser im Lehrbuch Abschnitt 5.7.6.2 angegebene Satz kann ohne Änderung übernommen werden. Nur im Herleitungsweg selbst sind die bekannten Änderungen vorzunehmen: Die Flächendifferenz $\Delta A$ und das Summenzeichen $\Sigma$ sind durch das Flächendifferential $dA$ und das Integral $\int$ zu ersetzen.

$I_{x1}$ und $I_{y1}$ sind die bekannten Einzelflächenmomente 2. Grades für die durch den Schwerpunkt der Einzelflächen gehenden Achsen $x_1$ und $y_1$.

Wie die Gleichungen (Formeln) zur Berechnung axialer und polarer Flächenmomente 2. Grades für bestimmte (mathematisch erfaßbare) Querschnittsformen hergeleitet werden können, zeigen die Beispiele im Abschnitt 2.4 (siehe dazu auch Tafel 5.1 und Tafel 5.2 im Lehrbuch).

## 2.3 Herleitung des Steinerschen Satzes

(Lehrbuch Abschnitt 5.7.6)

Für Festigkeitsuntersuchungen an Maschinenbau- oder Stahlbaukonstruktionen werden häufig die axialen Flächenmomente 2. Grades $I$ von Bauteilen gebraucht, die einen unsymmetrischen Querschnitt haben, wie beispielsweise die beiden skizzierten Querschnitte. Sollen dafür die Biegespannungen $\sigma_b$ berechnet werden, müssen die axialen Flächenmomente $I_x$ und $I_y$ in bezug auf die Schwerachsen $x-x$ und $y-y$ bekannt sein. Zur Berechnung dieser Flächenmomente zerlegt man die Gesamtfläche in Teilflächen, für die sich die Teil-Flächenmomente in bezug auf die Schwerachsen der Teilflächen berechnen lassen. Die Flächenmomente $I_x$ und $I_y$ für den Gesamtquerschnitt ermittelt man dann mit dem *Steinerschen Satz*[1]).

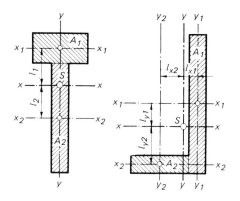

Zur Herleitung des Steinerschen Satzes können wir die gleiche Skizze eines beliebigen Querschnitts verwenden, wie im Lehrbuch unter 5.7.6.2. Der einzige Unterschied zwischen der Herleitung im Lehrbuch und unserer Betrachtung besteht nun darin, daß wir hier nicht mit dem Flächenteilchen $\Delta A$ arbeiten, sondern mit dem Flächendifferential $dA$.

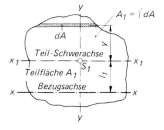

---

[1]) *Jakob Steiner*, 1796 – 1863, Schweizer Geometer, Professor an der Universität Berlin.

Definitionsgemäß ist das axiale Flächenmoment 2. Grades $I_x$ in bezug auf die Achse $x - x$ das Integral des Produktes aus dem Abstandsquadrat und dem Flächendifferential $dA$. Für das Abstandsquadrat haben wir hier $(l_1 + y)^2$ einzusetzen, wie die Querschnittsskizze zeigt.

$$I_x = \int (l_1 + y)^2 \, dA$$

$$I_x = \int (l_1^2 + 2 \, l_1 y + y^2) \, dA$$

Die sich aus der binomischen Formel
$$(l_1 + y)^2 = l_1^2 + 2 \, l_1 y + y^2$$
ergebende Summe ist gliedweise zu integrieren (siehe AH 1, Abschnitt 1.38).

$$I_x = \int \left( l_1^2 \, dA + 2 \, l_1 y \, dA + y^2 \, dA \right)$$

$$I_x = l_1^2 \int dA + 2 \, l_1 \int y \, dA + \int y^2 \, dA$$

Das erste Glied $l_1^2 \int dA$ ergibt das Produkt aus dem Quadrat des Abstandes $l_1$ der beiden Bezugsachsen und der Teilfläche $A_1$, weil $\int dA = A_1$ ist.

$$l_1^2 \int dA = l_1^2 \, A_1$$

Das zweite Glied $2 \, l_1 \int y \, dA$ ist gleich Null, weil nach dem Momentensatz für Flächen das Differential $\int y \, dA = A_1 y_0$ ist. Für den hier vorliegenden Fall einer Schwerachse als Bezugsachse ist $y_0 = 0$ und damit auch $\int y \, dA = 0$.

$$2 \, l_1 \int y \, dA = 2 \, l_1 A_1 y_0 = 0$$

Das dritte Glied ist nichts anderes als das axiale Flächenmoment 2. Grades $I_{x1}$ der Teilfläche $A_1$ in bezug auf die Schwerachse $x_1 - x_1$ der Teilfläche $A_1$.

$$\int y^2 \, dA = I_{x1}$$

Abschließend fassen wir die Ergebnisse unserer Betrachtungen zu den drei Gliedern zusammen und schreiben sie unter die Ausgangsgleichung für das axiale Flächenmoment 2. Grades $I_x$.

$$I_x = \underline{l_1^2 \int dA} + \underline{2 \, l_1 \int y \, dA} + \underline{\int y^2 \, dA}$$

$$I_x = \underline{l_1^2 \, A_1} + \quad 0 \quad + \quad I_{x1}$$

$$I_x = I_{x1} + A_1 \, l_1^2$$

Damit haben wir den Satz von *Steiner* gefunden. Er wird auch Steinerscher Satz oder Verschiebesatz genannt:

Das axiale Flächenmoment 2. Grades $I_x$ für eine beliebige Achse ist gleich dem axialen Flächenmoment $I_{x1}$ in bezug auf die parallele Schwerachse, vermehrt um das Produkt aus der Teilfläche $A_1$ und dem Achsenabstandsquadrat $l_1^2$.

$$I_x = I_{x1} + A_1 l_1^2 \qquad (1)$$

Verschiebesatz von Steiner

$I_x$   Flächenmoment für die parallele Achse $x - x$

$I_{x1}$   Flächenmoment der Teilfläche für die eigene Schwerachse $x_1 - x_1$

$A_1$   Flächeninhalt der Teilfläche

$l_1$   Abstand der parallelen Achsen

In den meisten Fällen ist der Querschnitt in mehrere Teilflächen $A_1$, $A_2$,...,$A_n$ zu zerlegen. Die Teilschwerachsen haben dann die Abstände $l_1$, $l_2$,...,$l_n$ von der Bezugsachse, für die das axiale Flächenmoment 2. Grades $I$ ermittelt werden soll. Die Flächenmomente $I_1$, $I_2$,...,$I_n$ der Teilflächen in bezug auf die eigene Schwerachse werden mit den Formeln zum Beispiel aus dem Lehrbuch Tafel 5.1 berechnet. Beispiele für das Berechnen von axialen Flächenmomenten $I$ für zusammengesetzte Querschnitte sind im Lehrbuch Abschnitt 5.7.7 nachzulesen.

Der Steinersche Satz zeigt, daß beim Übergang von der Schwerachse der Fläche auf eine beliebige parallele Achse stets ein positiver Betrag $Al^2$ hinzukommt, wenn man das axiale Flächenmoment 2. Grades für diese parallele Achse berechnen will. Das axiale Flächenmoment 2. Grades für jede zur Schwerachse parallele Bezugsachse ist also stets größer als das Flächenmoment für die Schwerachse der Fläche. Daraus folgt:

> Das axiale Flächenmoment 2. Grades, bezogen auf die eigene Schwerachse, ist ein Minimum.

Der Steinersche Satz läßt sich auch dazu verwenden, Formeln für die axialen Flächenmomente 2. Grades technisch wichtiger Querschnittsformen zu entwickeln.

Ausführliche Beispiele zur Anwendung des Steinerschen Satzes enthält das Lehrbuch im Abschnitt 5.7.7.

$$I = I_1 + A_1 l_1^2 + I_2 + A_2 l_2^2 + ... + I_n + A_n l_n^2 \quad (2)$$

Verschiebesatz von Steiner für mehrere Teilflächen

*Beachte:* Fallen Teilschwerachsen und Bezugsachse zusammen, dann sind die Abstände $l_1$, $l_2$,... gleich Null und es wird

$$I_n = I_1 + I_2 + ... + I_n,$$

das heißt, die Teilflächenmomente 2. Grades werden einfach addiert.

Beispiele für solche Fälle sind im Lehrbuch Abschnitt 5.7.5 angegeben.

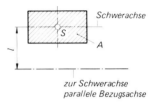

zur Schwerachse
parallele Bezugsachse

Ein Beispiel für diese Anwendung des Steinerschen Verschiebesatzes ist im folgenden Abschnitt 2.4 angegeben.

## 2.4 Beispiele für die Herleitung von Formeln für Flächenmomente 2. Grades

(Lehrbuch Abschnitt 5.7.3 sowie Tafeln 5.1 und 5.2)

1. Für den skizzierten Rechteckquerschnitt von der Breite $b$ und der Höhe $h$ soll eine Formel zur Berechnung des axialen Flächenmomentes 2. Grades $I_x$ für die durch den Flächenschwerpunkt $S$ gehende $x$-Achse hergeleitet werden.

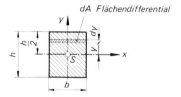

*dA Flächendifferential*

*Lösung:*

Es gilt die Definitionsgleichung $I_x = \int y^2 \, \mathrm{d}A$ nach Abschnitt 2.2.

$$I_x = \int y^2 \, \mathrm{d}A$$

Das Flächendifferential $\mathrm{d}A$ wird parallel zur Bezugsachse ($x$-Achse) eingezeichnet und mit $\mathrm{d}A = b \, \mathrm{d}y$ bemaßt.

$$\mathrm{d}A = b \, \mathrm{d}y$$

Bei der gewählten Lage des Achsenkreuzes muß integriert werden in den Grenzen von $y = -h/2$ bis $y = +h/2$.

$$I_x = \int\limits_{-h/2}^{+h/2} b \, y^2 \, \mathrm{d}y = b \int\limits_{-h/2}^{+h/2} y^2 \, \mathrm{d}y$$

Nach AH 1, Tafel 1.39 ist die Lösung des Integrals $\int y^n \, \mathrm{d}y = \int y^2 \, \mathrm{d}y = y^3/3$.

Damit ergibt sich für das axiale Flächenmoment 2. Grades für die Rechteckfläche in bezug auf die durch den Flächenschwerpunkt gehende $x$-Achse die Formel $I_x = b h^3/12$ (vergleiche mit Lehrbuch Tafel 5.1).

$$I_x = b \left[ \frac{y^3}{3} \right]_{-h/2}^{+h/2}$$

$$I_x = \frac{b}{3} \left( \frac{h^3}{8} + \frac{h^3}{8} \right)$$

$$I_x = \frac{b h^3}{12}$$

2. Für den Kreisquerschnitt mit dem Durchmesser $d$ soll eine Formel zur Berechnung des polaren Flächenmomentes 2. Grades $I_p$ in bezug auf den Flächenschwerpunkt $S$ hergeleitet werden.

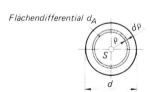

*Flächendifferential d_A*

*Lösung:*

Es gilt die Definitionsgleichung $I_p = \int \rho^2 \, \mathrm{d}A$ nach Abschnitt 2.2.

$$I_p = \int \rho^2 \, \mathrm{d}A$$

Das Flächendifferential $\mathrm{d}A$ wird als Kreisringfläche eingezeichnet und mit $\mathrm{d}A = 2 \pi \rho \, \mathrm{d}\rho$ bemaßt.

$$\mathrm{d}A = 2 \pi \rho \, \mathrm{d}\rho$$

Integriert werden muß in den Grenzen $\rho = 0$ bis $\rho = d/2$.

$$I_p = \int_{\rho=0}^{\rho=d/2} 2\,\pi\,\rho^3\,d\rho = 2\,\pi \int_0^{d/2} \rho^3\,d\rho$$

Nach AH 1, Tafel 1.39 ist die Lösung des Integrals $\int \rho^n\,d\rho = \int \rho^3\,d\rho = \rho^4/4$.

$$I_p = 2\,\pi \left[\frac{\rho^4}{4}\right]_0^{d/2}$$

Damit ergibt sich für das polare Flächenmoment 2. Grades für die Kreisfläche die Formel $I_p = \pi\,d^4/32$ (vergleiche mit Lehrbuch Tafel 5.2).

$$I_p = 2\,\pi\,\frac{\left(\frac{d}{2}\right)^4}{4} = 2\,\pi\,\frac{d^4}{4\cdot 16} = 2\,\pi\,\frac{d^4}{64}$$

$$\boxed{I_p = \frac{\pi}{32}\,d^4}$$

3. Für den skizzierten Rechteckquerschnitt von der Breite $b$ und der Höhe $h$ soll eine Formel zur Berechnung des axialen Flächenmomentes 2. Grades für die untere Begrenzungslinie (Achse $n-n$) hergeleitet werden.

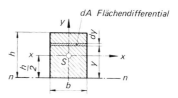

dA Flächendifferential

*Lösung:*

Es gilt die Definitionsgleichung $I_n = \int y^2\,dA$ nach Abschnitt 2.2.

$$I_n = \int y^2\,dA$$

Das Flächendifferential $dA$ wird parallel zur Bezugsachse $n-n$ eingezeichnet und mit $dA = b\,dy$ bemaßt.

$$dA = b\,dy$$

Es ist zu integrieren in den Grenzen von $y = 0$ bis $y = h$.

$$I_n = \int_0^h b\,y^2\,dy = b \int_0^h y^2\,dy$$

Nach AH 1, Tafel 1.39 ist die Lösung des Integrals $\int y^n\,dy = \int y^2\,dy = y^3/3$.

Damit ergibt sich für das axiale Flächenmoment 2. Grades für die Rechteckfläche in bezug auf die in der unteren Begrenzungslinie liegende Achse $n-n$ die Formel $I_n = b\,h^3/3$.

$$I_n = b\left[\frac{y^3}{3}\right]_0^h$$

$$\boxed{I_n = \frac{b\,h^3}{3}}$$

Mit der Formel für das Flächenmoment $I_n$ läßt sich mit Hilfe des Steinerschen Satzes nach 2.3 eine Formel für das Flächenmoment $I_x$ in bezug auf die Schwerachse $x-x$ entwickeln.

$$I_n = I_x + A\,l^2$$

$I_n$ Flächenmoment in bezug auf die Achse $n-n$
$I_x$ Flächenmoment in bezug auf die Schwerachse $x-x$
$A$ Flächeninhalt ($A = b\,h$)
$l$ Abstand der beiden parallelen Achsen $n-n$ und $x-x$

Der Steinersche Satz wird nach der gesuchten Größe, dem axialen Flächenmoment 2. Grades für die Schwerachse $x-x$, umgestellt.

$$I_x = I_n - A l^2$$

$$I_x = \frac{b h^3}{3} - b h \left(\frac{h}{2}\right)^2$$

Die Ausrechnung führt zum gleichen Ergebnis $I_x = b h^3/12$ wie die Herleitung im Beispiel 1. Schon dort hätte sich mit Hilfe des Steinerschen Satzes im Anschluß an die Herleitung von $I_x = b h^3/12$ eine Formel für $I_n$ entwickeln lassen:
$I_n = I_x + A (h/2)^2 = b h^3/3$.

$$I_x = \frac{b h^3}{3} - \frac{b h^3}{4} = 4 \frac{b h^3}{12} - 3 \frac{b h^3}{12}$$

$$\boxed{I_x = \frac{b h^3}{12}}$$

4. Für den skizzierten Dreieckquerschnitt mit der Grundlinie $a$ und der Höhe $h$ soll eine Formel zur Berechnung des axialen Flächenmomentes 2. Grades $I_n$ für die $n$-Achse hergeleitet werden.

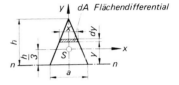

*Lösung:*
Es gilt die Definitionsgleichung $I_n = \int y^2\, dA$ nach Abschnitt 2.2.

$$I_n = \int y^2\, dA$$

Das Flächendifferential $dA$ wird parallel zur Bezugsachse ($n$-Achse) eingezeichnet und mit $dA = x\, dy$ bemaßt.

$$dA = x\, dy$$

Die Breite $x$ des Flächendifferentials $dA$ ist eine Funktion $f = x(y)$ und kann mit Hilfe der Proportion $x/a = (h-y)/h$ durch $a$, $h$ und $y$ ausgedrückt und damit eliminiert werden.

$$\frac{x}{a} = \frac{h-y}{h}$$

$$x = \frac{a}{h}(h-y)$$

Integriert werden muß in den Grenzen von $y = 0$ bis $y = h$.

$$I_n = \int_0^h y^2 \frac{a}{h}(h-y)\, dy = \frac{a}{h} \int_0^h (h-y) y^2\, dy$$

Damit ergibt sich für das axiale Flächenmoment 2. Grades für die Dreieckfläche in bezug auf die Grundlinie $a$ die Formel $I_n = a h^3/12$.

$$I_n = \frac{a}{h} \int_0^h h y^2\, dy - \frac{a}{h} \int_0^h y^3\, dy$$

$$I_n = \frac{a h}{h} \cdot \frac{h^3}{3} - \frac{a}{h} \cdot \frac{h^4}{4}$$

$$\boxed{I_n = \frac{a h^3}{12}}$$

## 2.5 Aufgaben zu Flächenmomenten 2. Grades

**Aufgabe 1:** Entwickle eine Formel zur Berechnung des axialen Flächenmomentes 2. Grades einer Dreieckfläche auf dem gleichen Wege wie in Beispiel 4, jedoch für die durch die Spitze des Dreiecks gehende Bezugsachse. Die Bezugsachse liegt parallel zur Grundlinie $a$ des Dreiecks.
Lösungshinweis: Die Veränderliche $y$ läuft nicht von der Grundlinie aus (wie im Beispiel 4), sondern von der Dreieckspitze aus.

**Aufgabe 2:** Entwickle eine Formel zur Berechnung des axialen Flächenmomentes 2. Grades einer Dreieckfläche. Bezugsachse soll die zur Grundlinie parallele Achse durch den Schwerpunkt $S$ der Dreieckfläche sein. Bei der Entwicklung soll von der im Beispiel 4 hergeleiteten Formel $I_n = a\,h^3/12$ ausgegangen werden. Bezugsachse für diese Formel ist die Grundlinie der Dreieckfläche.
Lösungshinweis: Der Schwerpunktabstand von der Grundlinie eines Dreiecks beträgt $h/3$. Die Formel für das Flächenmoment 2. Grades für die Schwerachse kann also über den Steinerschen Verschiebesatz hergeleitet werden.

**Aufgabe 3:** Entwickle eine Formel zur Berechnung des polaren Flächenmomentes 2. Grades für eine Kreisringfläche mit Innendurchmesser $d_i$ und Außendurchmesser $d_a$.
Lösungsgang nach Beispiel 2 in Abschnitt 2.4.

**Aufgabe 4:** Entwickle eine Formel zur Berechnung des axialen Flächenmomentes 2. Grades einer Kreisfläche mit dem Durchmesser $d$ in bezug auf eine Schwerachse.

## 2.6 Herleitung der Biegehauptgleichung und der Torsionshauptgleichung

(Lehrbuch Abschnitte 5.8.2 und 5.9.4)

| Nr. | Biegebeanspruchung | Torsionsbeanspruchung |
|---|---|---|
| 1 | Spannungsbild bei Biegung | Spannungsbild bei Torsion |
| 2 | beliebige Normalspannung $\sigma(y)$: $$\frac{\sigma(y)}{\sigma_b} = \frac{y}{e} \quad \Rightarrow \quad \sigma(y) = \sigma_b \frac{y}{e}$$ | beliebige Schubspannung $\tau(\rho)$: $$\frac{\tau(\rho)}{\tau_t} = \frac{\rho}{r} \quad \Rightarrow \quad \tau(\rho) = \tau_t \frac{\rho}{r}$$ |
| 3 | vom Flächendifferential $dA$ übertragenes Kraftdifferential $dF$: $$dF = \sigma(y)dA$$ | vom Flächendifferential $dA$ übertragenes Kraftdifferential $dF$: $$dF = \tau(\rho)dA$$ |
| 4 | vom Flächendifferential $dA$ übertragenes Biegemomentendifferential $dM_b$: $$dM_b = y\,dF = \sigma(y)\,y\,dA = \sigma_b \frac{y}{e}\,y\,dA$$ $$dM_b = \frac{\sigma_b}{e} y^2\,dA$$ | vom Flächendifferential $dA$ übertragenes Kraftdifferential $dT$: $$dT = \rho\,dF = \tau(\rho)\,\rho\,dA = \tau_t \frac{\rho}{r}\,\rho\,dA$$ $$dT = \frac{\tau_t}{r}\rho^2\,dA$$ |
| 5 | Biegemoment $M_b$: $$M_b = \int dM_b = \int \frac{\sigma_b}{e} y^2\,dA = \frac{\sigma_b}{e}\int y^2\,dA$$ | Torsionsmoment $T$: $$T = \int dT = \int \frac{\tau_t}{r}\rho^2\,dA = \frac{\tau_t}{r}\int \rho^2\,dA$$ |
| 6 | Definition des axialen Flächenmomentes 2. Grades $I$ und des axialen Widerstandsmomentes $W$: $$I = \int y^2\,dA \quad \left(\text{exakt: } I_x = \int y^2\,dA\right)$$ $$W = \frac{I}{e} \quad \left(\text{exakt: } W_x = \frac{I_x}{e}\right)$$ | Definition des polaren Flächenmomentes 2. Grades $I_p$ und des polaren Widerstandsmomentes $W_p$: $$I_p = \int \rho^2\,dA$$ $$W_p = \frac{I_p}{r}$$ |
| 7 | Biegehauptgleichung (aus Nr. 5 und Nr. 6 entwickelt): $$M_b = \frac{\sigma_b}{e}\int y^2\,dA = \frac{\sigma_b}{e}I = \sigma_b\,W$$ $$\sigma_b = \frac{M_b}{W}$$ | Torsionshauptgleichung (aus Nr. 5 und Nr. 6 entwickelt): $$T = \frac{\tau_t}{r}\int \rho^2\,dA = \frac{\tau_t}{r}I_p = \tau_t\,W_p$$ $$\tau_t = \frac{T}{W_p}$$ |

Erläuterungen zur Herleitung der Biegehauptgleichung und der Torsionshauptgleichung durch Analogieschluß

In 2.6 Nr. 1 zeigen die Spannungsbilder für Biege- und Torsionsbeanspruchung Übereinstimmung im Spannungs*verlauf.* In beiden Fällen ist die Spannung *linear* über dem Querschnitt verteilt. Biegung und Torsion stimmen also in einem wesentlichen Grundmerkmal überein.

Die Tatsache, daß bei Biegung Normalspannungen $\sigma$ auftreten, bei Torsion dagegen Schubspannungen $\tau$, hat keinen Einfluß auf geometrische Betrachtungen an den beiden Spannungssystemen.

Weil die beiden Spannungssysteme geometrisch analog aufgebaut sind, ist der Analogieschluß für geometrische Betrachtungen an beiden Spannungssystemen erlaubt.

Werden beispielsweise die einzelnen Herleitungsschritte Nr. 2 bis Nr. 7 für die Biegebeanspruchung als bekannt vorausgesetzt, dann können die entsprechenden Schritte zur Herleitung der Torsions-Hauptgleichung einfach abgeschrieben werden. Dabei ist es nur nötig, statt der bei Biegung auftretenden Normalspannung $\sigma$ die Schubspannung $\tau$ zu verwenden.

Biege- und Torsionsbeanspruchung sind physikalische Zustände im Inneren belasteter Bauteile. Die beiden Spannungssysteme sind geometrisch gleichartig (analog). Zwischen Biegung und Torsion besteht Analogie.

Beim Analogieschluß schließt man vom Vorhandensein eines Grundmerkmals auf Gleichheit anderer Merkmale.

Ist zum Beispiel eine geometrische Analogie vorhanden, dann gelten für beide Fälle die gleichen geometrischen Gesetzmäßigkeiten, etwa der Strahlensatz.
Das Ergebnis einer geometrischen Entwicklung für den einen Fall kann für den anderen Fall sofort hingeschrieben werden.

Zu den einzelnen Herleitungsschritten:

*Schritt Nr. 2:* Aus dem Strahlensatz für das Spannungsbild Nr. 1 in der linken Spalte ergibt sich die Gleichung für die Normalspannung $\sigma(y) = \sigma_b \, y/e$. In die rechte Spalte könnte sofort die Gleichung für die Schubspannung $\tau(\rho) = \tau_t \, \rho/r$ eingetragen werden.

*Schritt Nr. 3:* Aus der Zug-Hauptgleichung $\sigma = F/A$ oder $F = \sigma A$ (siehe Lehrbuch 5.2.1) ergibt sich für das Kraftdifferential $dF = \sigma(y) \, dA$ (linke Spalte). Entsprechend kommt in die rechte Spalte der Ausdruck $dF = \tau(\rho) \, dA$.

*Schritt Nr. 4:* In bezug auf die Biegeachse verursacht das Kraftdifferential $dF$ das Kraftmoment (Biegemoment) $dM_b = y \, dF$. Analog bewirkt das Kraftdifferential bei der Torsionsbeanspruchung das Kraftmoment (Torsionsmoment) $dT = \rho \, dF$.

Die weitere Entwicklung in den folgenden Schritten Nr. 5 bis Nr. 7 ist nun leicht verständlich. Am Ende der Entwicklungen in den beiden Spalten stehen zwei Gleichungen, die wegen der gleichartigen Einzelschritte auch gleichartig (analog) aufgebaut sind: Links vom Gleichheitszeichen steht die Spannung, rechts davon ein Quotient aus einem Kraftmoment und einem Widerstandsmoment.

## 2.7 Zusammenhang zwischen Biegemoment und Querkraft

(Lehrbuch Abschnitte 5.9.1 und 5.9.7.3)

Der skizzierte Träger wird durch die Einzelkräfte $F$ und durch eine veränderliche Streckenlast $F'(x)$ auf Biegung beansprucht.

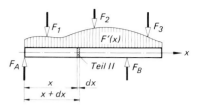

Biegeträger mit Einzellasten $F$ und veränderlicher Streckenlast $F'$

Zur Untersuchung der inneren Kräftesysteme an zwei dicht benachbarten Trägerquerschnitten werden senkrecht zur Stabachse zwei Schnitte gelegt. Dadurch wird das (unendlich) schmale Trägerteil II der Dicke $dx$ aus dem Träger herausgeschnitten.

Das innere Kräftesystem im Schnitt des Trägerteils I besteht aus der Querkraft $F_q$ und dem Biegemoment $M_b$. Ein gleich großes entgegengesetzt gerichtetes Kräftesystem wirkt dann im linken Schnittufer des herausgeschnittenen Trägerteils II.

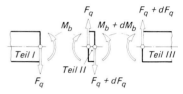

Innere Kräftesysteme am beliebig belasteten Biegeträger

Von links nach rechts über der Länge $dx$ fortschreitend nehmen Querkraft und Biegemoment zu. Das rechte Schnittufer des herausgeschnittenen Teils II hat daher die Querkraft $F_q + dF_q$ und das Biegemoment $M_b + dM_b$ zu übertragen. Das gleiche innere Kräftesystem mit entgegengesetztem Richtungssinn wirkt im Schnitt des Trägerteils III.

Zur genaueren Analyse skizzieren wir das herausgeschnittene Trägerstück II noch einmal größer auf und tragen die beiden inneren Kräftesysteme ein. Außerdem beachten wir, daß auf der Länge $dx$ als äußere Kraft die variable Streckenlast $F'(x)$ wirkt. Sie kann über dem Längendifferential $dx$ als konstant angesehen werden. Die Resultierende der Streckenlast über $dx$ ist das Differential $dF_r = F' dx$. Sie greift im Abstand $dx/2$ vom willkürlich festgelegten Drehpunkt $D$ an.

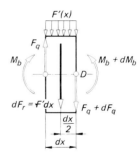

Innere Kräftesysteme am Trägerteil II

An Hand der Skizze der inneren Kräftesysteme am Trägerteil II können nun die Gleichgewichtsbedingungen angesetzt und ausgewertet werden.

Der Ansatz der *Kräfte*gleichgewichtsbedingung $\Sigma F_y = 0$ führt zu dem Differentialquotienten $dF_q/dx = -F'$:

$$\Sigma F_y = 0$$
$$F_q - F' dx - (F_q + dF_q) = 0$$
$$F_q - F' dx - F_q - dF_q = 0$$

> Die erste Ableitung der Querkraft nach der Länge $x$ des Biegeträgers ist die (negative) Streckenlast $F'$.

$$\frac{dF_q}{dx} = -F' \qquad (1)$$

Der Ansatz der *Momenten*gleichgewichtsbedingung $\Sigma M = 0$ führt zu dem Differentialquotienten $dM_b/dx = -F_q$, denn der Ausdruck

$$\frac{F'\,dx\,dx}{2} = \frac{F'\,dx^2}{2}$$

geht gegen Null, ist also vernachlässigbar klein:

> Die erste Ableitung des Biegemomentes nach der Länge $x$ des Biegeträgers ist die Querkraft $F_q$.

Differenziert man mit Gleichung (2) die Querkraft $F_q$ nach der Länge $x$ des Biegeträgers, dann erhält man $dF_q/dx = d(dM_b/dx)/dx$. Der Ausdruck $d(dM_b/dx) = d^2M_b/dx^2$ ist die *zweite* Ableitung des Biegemomentes nach der Länge $x$ und nach Gleichung (1) zugleich die negative Streckenlast $F'$.

> Die zweite Ableitung des Biegemomentes nach der Länge $x$ des Biegeträgers ist die (negative) Streckenlast $F'$.

Aus den beiden Gleichungen (2) und (3) können mehrere Folgerungen für die Biegebeanspruchung gezogen werden. Hier soll nur der im Lehrbuch Abschnitt 5.9.7.3 anschaulich entwickelte Satz mit Hilfe der höheren Mathematik allgemeingültig bestätigt werden.

Trägt man die Querkraft $F_q(x)$ über der Trägerlänge $x$ auf, dann erhält man den Graphen der Funktion $F_q(x)$. Nach Gleichung (2) ist das Biegemomentendifferential $dM_b = F_q\,dx$. Das entspricht dem schmalen Flächenstreifen unter dem Graphen $F_q(x)$. Weiter ist nach Gleichung (2) $M_b = \int dM_b = \int F_q(x)\,dx = A_q$. Damit ist bestätigt, daß auch bei beliebigem Querkraftverlauf das Biegemoment $M_b$ der Querkraftfläche $A_q$ entspricht.

Trägt man das Biegemoment $M_b(x)$ über der Trägerlänge $x$ auf, dann erhält man den Graphen der Funktion $M_b(x)$. Nun ist doch der Differentialquotient $dM_b/dx$ der Tangens des Neigungswinkels $\alpha$ der Kurve ($dM_b/dx = \tan\alpha$). Ein Maximum des Graphen $M_b(x)$ liegt an der Stelle $x$, an der der Neigungswinkel $\alpha = 0$ ist (waagerechte Tangente).

$$\Sigma M_{(D)} = 0$$

$$-M_b - F_q\,dx + \underbrace{F'\,dx\,\frac{dx}{2}}_{\Rightarrow\,0} + M_b + dM_b = 0$$

$$-F_q\,dx \qquad\qquad + dM_b = 0$$

$$\frac{dM_b}{dx} = F_q \qquad\qquad (2)$$

$$\frac{dF_q}{dx} = \frac{d\left(\frac{dM_b}{dx}\right)}{dx} = \frac{d^2M_b}{dx^2} = -F'$$

$$\frac{d^2M_b}{dx^2} = -F' \qquad\qquad (3)$$

Lehrbuchsatz (sinngemäß):

Das Biegemoment $M_b$ entspricht der Querkraftfläche $A_q$.
Das größte Biegemoment $M_{b\,max}$ liegt dort, wo die Querkraftlinie durch die Nullinie geht (wo die Querkraft gleich Null ist).

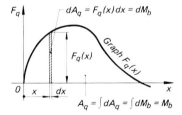

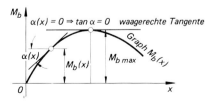

Dort ist dann auch der Differentialquotient $dM_b/dx$ gleich Null, also $dM_b/dx = 0$. Da nach Gleichung (2) $dM_b/dx = F_q$ ist, hat an dieser Stelle auch die Querkraft $F_q$ den Wert Null ($F_q = 0$). Damit ist bestätigt, daß auch bei beliebigem Biegemomentenverlauf das maximale Biegemoment $M_{b\,max}$ dort liegt, wo die Querkraftlinie die Nulllinie durchläuft (wo die Querkraft gleich Null ist).

$$\frac{dM_b}{dx} = \tan\alpha = F_q(x)$$

Für $\frac{dM_b}{dx} = 0$ ist $F_q = 0$

Den entwickelten Differentialbeziehungen (Gleichungen (1), (2) und (3)) können wir abschließend die entsprechenden Integralbeziehungen gegenüberstellen:

| Größe | Differentialbeziehung | Integralbeziehung |
|---|---|---|
| Biegemoment | $M_b$ | $M_b = \displaystyle\int_0^x F_q\,dx = -\int_0^x \int_0^x F'\,dx^2$ |
| Querkraft | $F_q = \dfrac{dM_b}{dx}$ | $F_q = -\displaystyle\int_0^x F'\,dx$ |
| Streckenlast | $F' = -\dfrac{dF_q}{dx} = -\dfrac{d^2 M_b}{dx^2}$ | $F'$ |

## 2.8 Differentialgleichung der elastischen Linie

(Lehrbuch Abschnitt 5.9.10)

### 2.8.1 Herleitung der Differentialgleichung

Untersucht wird die elastische Verformung eines Biegeträgers mit gleichbleibendem Querschnitt, also auch konstantem Flächenmoment 2. Grades ($I$ = konstant). Es gelten alle Voraussetzungen, die im Abschnitt 5.9.6 des Lehrbuches angegeben sind. Wie die Skizze zeigt, denkt man sich im Abstand $x$ vom linken Auflager ein (unendlich) dünnes Stück des Trägers herausgeschnitten. Es wird durch die beiden Schnittufer begrenzt.

Unter Belastung biegt sich der Träger durch. In der Zeichenebene zeigt sich die *elastische Linie* als Spur der neutralen Faserschicht.

$w(x)$ ist die Durchbiegung an der Trägerstelle $x$; $\alpha(x)$ ist der zugehörige Neigungswinkel der elastischen Linie.

Die Schnittnormalen schneiden sich im Krümmungsmittelpunkt 0. Sie schließen den Winkel $d\alpha$ ein.

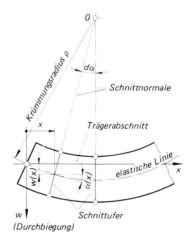

34

Am Trägerabschnitt liegt im (beliebigen) Abstand $y$ von der elastischen Linie die Faserschicht von der Länge $ds_1$.

*Vor* der Belastung war der Trägerabschnitt in allen Faserschichten gleich lang, also auch $ds_1 = ds$.

*Nach* der Belastung hat die im Abstand $y$ liegende Faser die Länge $ds_1 > ds$, während $ds$ erhalten geblieben ist.

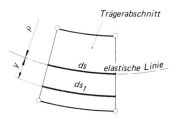

Trägerabschnitt

elastische Linie

In der Elastizitätslehre wird der Quotient aus der Verlängerung und der Ursprungslänge als *Dehnung* $\epsilon$ bezeichnet (siehe Lehrbuch Abschnitt 5.2.3.1).

$$\epsilon = \frac{\text{Verlängerung}}{\text{Ursprungslänge}}$$

Mit dem Krümmungsradius $\rho$ und dem Winkel $d\alpha$ können die Bogenlängen $ds$ und $ds_1$ ausgedrückt werden.

$$ds = \rho\, d\alpha \qquad \text{Winkel } \alpha \text{ im Bogenmaß}$$
$$ds_1 = (\rho + y)\, d\alpha$$

Die Faserschicht im Abstand $y$ von der elastischen Linie hat sich um den Betrag $ds_1 - ds$ verlängert. Mit anderen Worten: Die Verlängerung beträgt $ds_1 - ds$. Die Ursprungslänge ist die Faserlänge $ds$. Damit kann für die Dehnung $\epsilon$ die Gleichung (1) entwickelt werden.

$$\epsilon = \frac{ds_1 - ds}{ds} = \frac{(\rho + y)\,d\alpha - \rho\,d\alpha}{\rho\,d\alpha}$$
$$\epsilon = \frac{\rho\,d\alpha + y\,d\alpha - \rho\,d\alpha}{\rho\,d\alpha}$$
$$\epsilon = \frac{y}{\rho} \qquad\qquad (1)$$

Für die weitere Entwicklung stehen nach Lehrbuch Abschnitt 5.9.4 zwei Gleichungen zur Verfügung, das Hookesche Gesetz $\sigma = \epsilon E$ und die Spannungsgleichung $\sigma = M_b(x)\,y/I$ für die Normalspannung $\sigma$, die bei Biegebeanspruchung im Abstand $y$ von der elastischen Linie auftritt.

Hookesches Gesetz: $\quad \sigma = \epsilon E$

Spannungsgleichung: $\quad \sigma = \dfrac{M_b(x)\,y}{I}$

Die weitere Behandlung dieser beiden Gleichungen in Verbindung mit Gleichung (1) führt zu einer Gleichung für den Kehrwert des Krümmungsradiusses. Darin ist $M_b(x)$ das Biegemoment an der Trägerstelle $x$, $E$ der Elastizitätsmodul des Werkstoffes und $I$ das Flächenmoment 2. Grades für die betreffende Biegeachse.

$$\epsilon = \frac{\sigma}{E} = \frac{M_b(x)\,y}{E\,I} = \frac{y}{\rho}$$
$$\frac{1}{\rho} = \frac{M_b(x)}{E\,I}$$

(vergleiche mit Lehrbuch Abschnitt 5.9.10.1)

Der Kehrwert des Krümmungsradiusses heißt *Krümmung* $k$. Damit erhält man Gleichung (2) und erkennt: Die Krümmung $k$ eines Biegeträgers ist proportional dem Biegemoment und umgekehrt proportional dem Produkt $E \cdot I$, der sogenannten Biegesteifigkeit.

$$k = \frac{1}{\rho} = \frac{M_b(x)}{E\,I} \qquad\qquad (2)$$

$$k = \frac{\text{Biegemoment an Trägerstelle } x}{\text{Biegesteifigkeit}}$$

Zur weiteren Entwicklung von Gleichung (2) wird eine Gleichung für die Krümmung $k$ einer Kurve gebraucht. Diese Gleichung kann dem Abschnitt Mathematik in AH 1, Tafel 1.42 entnommen und auf die hier verwendeten Bezeichnungen umgestellt werden.

$$k = \frac{1}{\rho} = \frac{w''(x)}{\sqrt{[1 + w'(x)^2]^3}}$$

$$k = \frac{w''(x)}{[1 + w'(x)^2]^{3/2}} \qquad (3a)$$

$w'(x)$ erste Ableitung der Funktion $w(x)$

$w''(x)$ zweite Ableitung der Funktion $w(x)$

Die erste Ableitung $w'(x)$ ist der Tangens des Neigungswinkels $\alpha(x)$ der elastischen Linie. Man nennt $\tan \alpha(x)$ die *Neigung* der elastischen Linie.

$$w'(x) = \tan\alpha(x) \approx \alpha(x)$$

*Beachte:*

Für sehr kleine Winkel $\alpha$ ist $\tan\alpha \approx \alpha$.

An technisch verwendbaren Biegeträgern ist die Durchbiegung und damit auch die Neigung $\alpha$ der elastischen Linie sehr klein. Daher kann in Gleichung (3a) der Wert $w'(x)^2 = \tan^2\alpha(x)$ gegenüber Eins vernachlässigt werden.

*Beispiel:*

Die Neigung $\alpha$ einer elastischen Linie beträgt $0{,}1°$. Dann ist

$\tan\alpha = 0{,}0017 \approx \alpha = 0{,}0017 = w'$

$w'^2 = \tan^2\alpha = 0{,}000\,003 \ll 1$

Gleichung (3a) vereinfacht sich also zu $k = w''(x)$, das heißt, die Krümmung $k$ der elastischen Linie ist gleich der zweiten Ableitung $w''(x)$ der Funktion $w(x)$.

$$k = \frac{w''(x)}{1^{3/2}} = w''(x) \qquad (3b)$$

Gleichung (3b) in Verbindung mit Gleichung (2) führt abschließend zur gesuchten Gleichung der elastischen Linie. Es handelt sich um eine Differentialgleichung. Mit dieser Gleichung sind die Durchbiegungsgleichungen für technisch wichtige Belastungsfälle an Biegeträgern hergeleitet worden (siehe AH 1, Tafel 9.7).

$$w''(x) = -\frac{M_b(x)}{EI} \qquad (4)$$

Differentialgleichung der elastischen Linie

(Das negative Vorzeichen wird in der folgenden Anmerkung begründet.)

### 2.8.2 Anmerkung zum negativen Vorzeichen in der Differentialgleichung

Die Differentialgleichung der elastischen Linie (4) wird mit negativem Vorzeichen geschrieben, weil bei *positivem* Biegemoment $M_b(x)$ der Neigungswinkel $\alpha(x)$ der elastischen Linie (Biegelinie) mit fortschreitender Stablänge $x$ *ab*nimmt. Man spricht dann von einer *negativen* Krümmung.

Umgekehrt nimmt bei negativem Biegemoment der Neigungswinkel bei fortschreitender Länge zu (positive Krümmung).

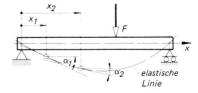

Abnehmender Neigungswinkel ($\alpha_2 < \alpha_1$) der elastischen Linie beim nach unten durchgebogenen Stützträger

### 2.8.3 Die Vorzeichenregelung für Biegemomente

Insbesondere Formänderungsrechnungen erfordern eine Festlegung des positiven und negativen Drehsinnes von Biegemomenten.

Satz 1:

> Im *linken* Schnittufer eines beliebigen Schnittes sind *links*drehende Biegemomente $M_b(x)$ stets *positiv*.

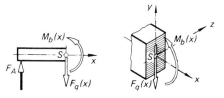

Inneres Kräftesystem im linken Schnittufer mit *positivem* Biegemoment $M_b(x)$

Nach dem Newtonschen Axiom „actio gleich reactio" müssen die inneren Kräftesysteme im linken und im rechten Schnittufer gleich groß und entgegengesetzt gerichtet sein. So gehört zu einem linksdrehenden Biegemoment im linken Schnittufer ein rechtsdrehendes Biegemoment im rechten Schnittufer und umgekehrt. Gleiches gilt natürlich auch für Querkräfte $F_q(x)$ und Normalkräfte $F_N(x)$.

Gleichgroße entgegengesetzt gerichtete innere Kräftesysteme in den beiden Schnittufern

Damit ergibt sich für den Drehsinn von Biegemomenten am *rechten* Schnittufer eines geschnittenen Biegeträgers

Satz 2:

> Im *rechten* Schnittufer eines beliebigen Schnittes sind *rechtsdrehende* Biegemomente $M_b(x)$ stets *positiv*.

*Beachte:*

Die Biegemomente $M_b(x)$ erhält man, wenn man sich gedanklich in den Querschnitt stellt, nach links (linkes Schnittufer) oder nach rechts (rechtes Schnittufer) schaut und die Kraftmomente der äußeren Kräfte unter Berücksichtigung des Drehsinnes addiert.

Diese Vorzeichenregelung für die im Innern eines Querschnittes wirkenden Biegemomente läßt sich auf die dadurch hervorgerufene Verformung der Querschnittsfaserschichten übertragen.

Satz 3:

> Ein Biegemoment $M_b(x)$ ist positiv, wenn sich die obere Faserschicht verkürzt (staucht), die untere dagegen verlängert (dehnt).

*Beachte:*

Biegespannungen sind Zug- und Druckspannungen, die sich linear über dem Querschnitt verteilen. Auf der einen Seite der neutralen Faser werden die Faserschichten gestaucht, auf der anderen gedehnt (siehe Lehrbuch Abschnitt 5.9.3).

### 2.8.4 Beispiele für positive und negative Biegemomente

Mit den folgenden Beispielen soll insbesondere die Übereinstimmung aller drei Sätze über die Vorzeichenregelung vorgeführt werden. Beispielsweise müßte sich ergeben, daß bei linksdrehenden Biegemomenten im linken Schnittufer die oberen Fasern des Biegeträgers gestaucht, die unteren dagegen gedehnt werden. Die gleiche Verformung muß bei rechtsdrehenden Biegemomenten im rechten Schnittufer erkennbar sein. In beiden Fällen wirken positive Biegemomente.

1. Die Einzelkraft $F$ biegt den skizzierten Stützträger nach unten durch. Seine obere Faserschicht wird verkürzt (gestaucht), die untere verlängert (gedehnt). Da das für alle Schnitte $x-x$ gilt, muß jedes Biegemoment $M_b(x)$ positiv sein. Mit anderen Worten: Alle Biegemomente im linken Schnittufer müssen linksdrehend, alle im rechten Schnittufer rechtsdrehend wirken.

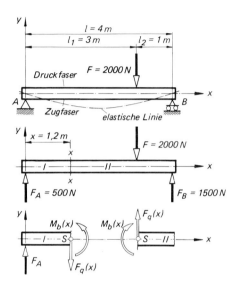

Der beliebige Schnitt $x-x$ zerlegt den Träger in die beiden Teile I und II. Das innere Kräftesystem im linken Schnittufer besteht aus der nach unten gerichteten Querkraft $F_q(x)$ und dem linksdrehenden Biegemoment $M_b(x)$. Das innere Kräftesystem im rechten Schnittufer hat entgegengesetzten Richtungssinn. Das Biegemoment wirkt also rechtsdrehend.

Die Richtigkeit aller drei Sätze zur Vorzeichenregelung wird damit bestätigt.

Mit den Stützkräften $F_A = 500\,\text{N}$ und $F_B = 1500\,\text{N}$ kann das innere Kräftesystem berechnet werden.

$$F_q(x) = +F_A = +500\,\text{N}$$
$$M_b(x) = +F_A x = +500\,\text{N} \cdot 1{,}2\,\text{m} = +600\,\text{Nm}$$

2. Im Unterschied zum Stützträger im 1. Beispiel wird beim skizzierten Freiträger die obere Faserschicht verlängert und die untere verkürzt. Nach Satz 3 muß das im Schnitt $x-x$ wirkende Biegemoment $M_b(x)$ negativ sein.

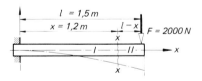

Auch hier läßt sich die Übereinstimmung aller drei Sätze bestätigen. Das abgeschnittene Teilstück II kann nur dann im Gleichgewicht sein, wenn das Biegemoment $M_b(x)$ im rechten Schnittufer linksdrehend wirkt. Nach Satz 2 ist das linksdrehende Biegemoment dann negativ. Es ist also $M_b(x) = -F(l-x)$.

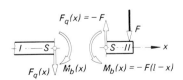

38

Da auch die beiden inneren Kräftesysteme Gleichgewicht ergeben müssen, ist das Biegemoment im linken Schnittufer rechtsdrehend, was nach Satz 1 ebenfalls einem negativen Biegemoment entspricht.

Mit den angegebenen Größen kann auch hier das im Schnitt $x-x$ wirkende innere Kräftesystem berechnet werden.

$$F_q(x) = -F = -2000\,\text{N}$$
$$M_b(x) = -F(l-x) = -2000\,\text{N} \cdot 0,3\,\text{m}$$
$$M_b(x) = -600\,\text{Nm}$$

*Beachte:* Mit diesen einfachen Beispielen sollte das Verfahren selbst hervorgehoben werden, vor allem die Umkehrung der Vorzeichen beim Übergang vom linken zum rechten Schnittufer oder vom rechten Schnittufer zum linken, wie im 2. Beispiel.

In der Konstruktionspraxis braucht man fast ausschließlich allein die *Beträge* von Biegemomenten und von Durchbiegungen. Man kommt also ohne die theoretisch exakte Vorzeichenregelung aus, weil beispielsweise nur der Betrag des maximalen Biegemomentes für die Festigkeitsrechnungen interessiert, zumal sich meistens durch Anschauung feststellen läßt, welche Faserschicht gestaucht und welche gedehnt wird. Daher ist im Lehrbuch die Vorzeichenregelung nicht behandelt worden. Das ändert nichts daran, daß bei theoretischen Betrachtungen die Vorzeichenregelung unerläßlich ist.

### 2.8.5 Allgemeine Fassung der Vorzeichenregelung

Für theoretische Betrachtungen an nicht leicht überschaubaren Belastungsfällen wird in der Literatur eine Fassung der Vorzeichenregelung empfohlen, in der auf die drei Achsen eines räumlichen Achsenkreuzes bezug genommen wird. Darin wird mit dem *Vektor*begriff gearbeitet und auch die Querkraft einbezogen:

> Biegemomente $M_b(x)$ und Querkräfte $F_q(x)$ sind positiv, wenn ihre Vektoren im linken Schnittufer entgegengesetzt zu den positiven Koordinatenrichtungen ($y$ und $z$) gerichtet sind.

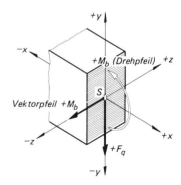

Positives Biegemoment $M_b$ und positive Querkraft $F_q$ als Vektoren im räumlichen Achsenkreuz

*Beachte:* In der Zeichnung wird der Vektor des Biegemomentes mit voller Pfeilspitze dargestellt. Der Drehpfeil um die $z$-Achse ist dann unnötig. Er dient hier nur der Veranschaulichung des Übergangs vom Drehpfeil zum Vektorpfeil.

Zum Verständnis der allgemein gefaßten Vorzeichenregelung muß man allerdings wissen, daß für positive Momentenvektoren der Drehsinn einer rechtsgängigen Schraube zugrunde gelegt worden ist. Das wird in der Skizze am Beispiel des linksdrehenden Kräftepaares erläutert:

Dem linksdrehenden Kräftepaar in der $x, y$-Ebene entspricht das linksdrehende (positive) Biegemoment $M_b$, dargestellt als Drehpfeil. Stellt man sich die $x, y$-Ebene als Blechscheibe mit einem Gewindeloch vor, in das eine Schraube mit rechtsgängigem Gewinde faßt, dann würde sich die Schraube unter der Drehkraftwirkung des Kräftepaares aus dem Gewindeloch heraus, also in negativer $z$-Richtung bewegen. Diese Bewegungsrichtung eines Kräftepaares kennzeichnet ein positives Moment.

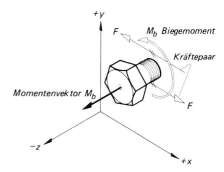

Vorzeichenregel, dargestellt an der rechtsgängigen Schraube

## 2.9 Beispiele für die Herleitung einer Durchbiegungsgleichung

(Lehrbuch Abschnitt 5.9.11)

1. Der skizzierte Freiträger wird durch die Einzelkraft $F$ im Abstand $l$ von der Einspannstelle belastet und erhält dadurch im Abstand $x$ die Durchbiegung $w(x)$, im Abstand $l$ die Durchbiegung $w_{max} = f$. Das Biegemoment im Abstand $x$ beträgt $M_b(x) = -F(l-x)$.

Der Biegeträger hat an jeder Stelle gleiche Querschnittsform, so daß auch die Biegesteifigkeit $EI$ konstant ist.

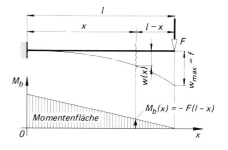

Mit dem Biegemoment $M_b(x) = -F(l-x)$ kann nun die Differentialgleichung der elastischen Linie geschrieben werden.

$$w''(x) = -\frac{M_b(x)}{EI} = \frac{F}{EI}(l-x)$$

Die erste Integration der Differentialgleichung liefert die *Neigung* $w' = \tan \alpha \approx \alpha$ der elastischen Linie an der Stelle $x$: $w'(x) \approx \alpha(x)$.

Die Integration kann mit Hilfe von AH 1, Tafeln 1.38 und 1.39 durchgeführt werden.

$$w'(x) \approx \alpha(x) = -\frac{1}{EI}\int M_b(x)\,dx + C_1$$

$$w'(x) = \frac{1}{EI}\int F(l-x)\,dx + C_1$$

$$w'(x) = \frac{F}{EI}\int (l-x)\,dx + C_1$$

$$w'(x) = \frac{F}{EI}\left(lx - \frac{x^2}{2}\right) + C_1$$

Eine nochmalige Integration liefert die *Durchbiegung* $w(x)$ an der Trägerstelle $x$ im Abstand $x$ von der Einspannstelle. Auch hier können die Hinweise in AH 1, Tafeln 1.38 und 1.39 zu Hilfe genommen werden.

$$w(x) = \frac{F}{EI} \int \left( lx - \frac{x^2}{2} \right) \mathrm{d}x + C_2$$

$$w(x) = \frac{F}{EI} \left( \frac{lx^2}{2} - \frac{x^3}{6} \right) + C_2$$

Die Randbedingungen zur Bestimmung der beiden Integrationskonstanten $C_1$ und $C_2$ gehen aus der nebenstehenden Skizze hervor:

Am Einspannende (links) sind Neigung $w'$ und Durchbiegung $w$ des Biegeträgers gleich Null: Für $x = 0$ ist $w' = 0$ und ebenso ist $w = 0$.

Damit sind auch die beiden Integrationskonstanten $C_1 = C_2 = 0$.

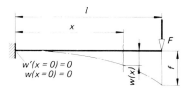

Mit den Integrationskonstanten $C_1 = C_2 = 0$ können abschließend die Gleichungen für die Größtwerte von Neigung und Durchbiegung an der Stelle des Lastangriffs aufgestellt werden, also mit $x = l$.

Die Gleichungen können mit den Angaben in AH 1, Tafel 9.7 verglichen werden, die Herleitung in anderer Form steht im Lehrbuch unter 5.9.11 unter 1. Übung.

*Neigung* $w' = \tan \alpha$:

$$w' = \frac{F}{EI} \left( l^2 - \frac{l^2}{2} \right)$$

$$w' = \tan \alpha = \frac{F l^2}{2 EI}$$

*Durchbiegung* $w_{\mathrm{max}} = w(x = l) = f$:

$$f = \frac{F}{EI} \left( \frac{l^3}{2} - \frac{l^3}{6} \right) = \frac{F l^3}{EI} \cdot \frac{1}{3}$$

$$f = \frac{F l^3}{3 EI}$$

2. Der skizzierte Freiträger wird durch die konstante Streckenlast $F'$ auf Biegung beansprucht (siehe Lehrbuch Abschnitt 5.9.11, 2. Übung). Die Durchbiegung beträgt im Abstand $x$ von der Einspannstelle $w(x)$. Die größte Durchbiegung hat der Träger im Abstand $l$. Dort ist $w_{\mathrm{max}} = f$.

Der Biegeträger hat an jeder Stelle gleiche Querschnittsform, so daß auch die Biegesteifigkeit $EI$ konstant ist.

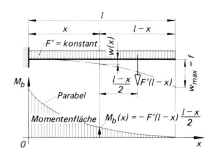

Im Abstand $x$ wirkt das Biegemoment $M_b(x)$. Es wird hervorgerufen durch die im Abstand $(l-x)/2$ angreifende Resultierende der Streckenlast $F'(l-x)$. Das Biegemoment $M_b(x)$ ist also hier halb so groß wie beim Freiträger mit Einzellast im Beispiel 1.

$$M_b(x) = -F'(l-x)\frac{l-x}{2} \qquad (1)$$

*Beachte:* Die Momentenfläche wird beim Freiträger mit Streckenlast durch eine Parabel begrenzt, beim Freiträger mit Einzellast dagegen durch eine Gerade.

Mit dem Biegemoment $M_b(x) = -F'(l-x)(l-x)/2$ kann nun die Differentialgleichung der elastischen Linie geschrieben werden.

$$w''(x) = -\frac{M_b(x)}{EI} = \frac{F'(l-x)(l-x)}{2EI} \qquad (2)$$

Die erste Integration der Differentialgleichung liefert die *Neigung* $w'(x) = \tan\alpha(x)$ der elastischen Linie an der Stelle $x$.

$$w'(x) = \frac{F'}{2EI} \int (l-x)(l-x)\,dx + C_1$$

$$w'(x) = \frac{F'}{2EI} \int (l^2 - 2lx + x^2)\,dx + C_1$$

$$w'(x) = \frac{F'}{2EI} \left(l^2 x - lx^2 + \frac{x^3}{3}\right) + C_1 \qquad (3)$$

Eine nochmalige Integration führt zur *Durchbiegung* $w(x)$ an der Trägerstelle $x$ im Abstand $x$ von der Einspannstelle.

$$w(x) = \frac{F'}{2EI} \left(l^2 \frac{x^2}{2} - l\frac{x^3}{3} + \frac{x^4}{12}\right) + C_2 \qquad (4)$$

Die Randbedingungen zur Bestimmung der beiden Integrationskonstanten sind die gleichen wie im 1. Beispiel, also gilt auch hier $C_1 = 0$ und $C_2 = 0$.

$$w'(x = 0) = 0 \Rightarrow C_1 = 0$$
$$w(x = 0) = 0 \Rightarrow C_2 = 0$$

Abschließend können die Gleichungen für die Größtwerte von Neigung $w'$ und Durchbiegung $w_{max} = f$ am Trägerende aufgestellt werden. Dazu wird in den Gleichungen (3) und (4) $x = l$ eingesetzt.

Die Endgleichungen können mit den Angaben in AH 1, Tafel 9.7 verglichen werden. Die Herleitung in anderer Form, im Lehrbuch unter 5.9.11 (2. Übung), führt zu gleichen Ergebnissen.

*Neigung* $w' = \tan\alpha$:

$$w' = \frac{F'}{2EI} \left(l^3 - l^3 + \frac{l^3}{3}\right)$$

$$w' = \frac{F'l^3}{6EI} = \frac{Fl^2}{6EI} \qquad * \qquad (5)$$

*Durchbiegung* $w_{max} = w(x = l) = f$:

$$f = \frac{F'}{2EI} \left(\frac{l^4}{2} - \frac{l^4}{3} + \frac{l^4}{12}\right)$$

$$f = \frac{F'l^4}{8EI} = \frac{Fl^3}{8EI} \qquad * \qquad (6)$$

* *Beachte:* Jeweils die zweite Form der beiden Gleichungen (5) und (6) für $w'$ und $f$ wurde mit der Resultierenden $F$ der konstanten Streckenlast $F'$ geschrieben. Dabei gilt: $F = F'l$ (siehe auch Lehrbuch Abschnitt 5.9.8.3).

## 2.10 Eulersche Knickungsgleichung

(Lehrbuch Abschnitt 5.10.2)

Wird ein schlanker Stab druckbeansprucht, so weicht er bei Erreichen einer bestimmten kritischen Spannung (Belastung) aus, er knickt. Die vorher gerade Stabachse verformt sich wie bei der Biegung entsprechend der elastischen Linie, sofern die Durchbiegung $w$ gering ist. Im verformten Stab besteht das innere Kräftesystem im Abstand $x$ aus der Druckkraft $F_N$ und dem Biegemoment $M_b(x) = F w(x)$, wie die Skizze für den geschnittenen Stabteil I zeigt.

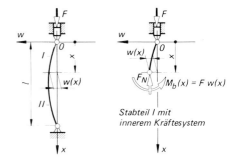

Stabteil I mit innerem Kräftesystem

Für kleine Durchbiegungen gilt nach 2.8 die Differentialgleichung der elastischen Linie.
Für das Biegemoment $M_b(x)$ können wir das Produkt $F w(x)$ einsetzen (siehe Skizze des inneren Kräftesystems).

$$w''(x) = -\frac{M_b(x)}{EI} = -\frac{F w(x)}{EI} \qquad (1)$$

$E$  Elastizitätsmodul des Werkstoffes
$I$  kleinstes axiales Flächenmoment 2. Grades
$w(x)$  Durchbiegung an beliebiger Schnittstelle $x$

Zur Vereinfachung der weiteren mathematischen Entwicklung ersetzen wir den Quotienten $F/EI$ durch das Quadrat einer einzelnen Größe $a^2$.

$$a^2 = \frac{F}{EI} \qquad (2)$$

Mit $a^2 = F/EI$ erhalten wir aus Gleichung (1) eine einfachere Form der linearen Differentialgleichung (Gleichungen (3) und (4)).

$$w''(x) = -\frac{F}{EI} w(x) = -a^2 w(x) \qquad (3)$$

$$w''(x) + a^2 w(x) = 0 \qquad (4)$$

Zur Lösung dieser Differentialgleichung 2. Ordnung haben wir nun diejenigen beiden Funktionen $w(x)$ zu suchen, deren 2. Ableitung die Differentialgleichung $w''(x) = -a^2 w(x)$ ergeben. Das sind die Funktionen $w_1(x) = \sin(ax)$ und $w_2(x) = \cos(ax)$, wie die nebenstehende Entwicklung mit dem Ansatz $w_1(x) = \sin(ax)$ zeigt. Der Ansatz für $w_2(x) = \cos(ax)$ führt zum selben Ergebnis (siehe auch AH 1, Tafel 1.37).

Ansatz:  $w_1(x) = \sin(ax)$

Es ist  $w_1'(x) = a \cos(ax)$
$\qquad\quad w_1''(x) = -a^2 \sin(ax)$

Also ist  $w_1''(x) = -a^2 w_1(x)$

Mit den ermittelten Funktionen $w_1(x)$ und $w_2(x)$ können wir abschließend die *allgemeine* Lösung der Differentialgleichung angeben. Wegen der zweifachen Integration von $w''(x)$ zu $w(x)$ werden die beiden Integrationskonstanten $C_1$ und $C_2$ hinzugefügt.

$$w(x) = C_1 w_1(x) + C_2 w_2(x)$$

$$w(x) = C_1 \sin(ax) + C_2 \cos(ax) \qquad (5)$$

43

Die Integrationskonstanten $C_1$ und $C_2$ sind durch die Randbedingungen zu bestimmen:

An den Stabstellen $x = 0$ und $x = l$ ist die Durchbiegung jeweils $w = 0$ (siehe Bild).

$$\left.\begin{aligned} w(x = 0) &= 0 \\ w(x = l) &= 0 \end{aligned}\right\} \text{ Randbedingungen}$$

Aus der Randbedingung $w(x = 0) = 0$ für die Stabstelle $x = 0$ ergibt die Ausrechnung für die Integrationskonstante $C_2 = 0$.

$$\begin{aligned} w(x = 0) &= C_1 \sin(a \cdot 0) + C_2 \cos(a \cdot 0) \\ 0 &= C_1 \sin 0 \quad + C_2 \cos 0 \\ 0 &= \quad 0 \quad\quad + C_2 \cdot 1 \\ C_2 &= 0 \end{aligned}$$

Aus der Randbedingung $w(x = l) = 0$ für die Stabstelle $x = l$ ergibt die Ausrechnung die Beziehung $C_1 \sin(a\,l) = 0$.

$$\begin{aligned} w(x = l) &= C_1 \sin(a\,l) \quad + C_2 \cos(a\,l) \\ 0 &= C_1 \sin(a\,l) \quad + \underbrace{0 \cdot \cos(a\,l)}_{0} \\ 0 &= C_1 \sin(a\,l) \end{aligned}$$

Die Integrationskonstante $C_1$ kann nicht Null sein, weil sonst der Stab nicht ausknicken würde. Folglich ist $\sin(a\,l) = 0$. Die Funktion $\sin(a\,l)$ wird gleich Null bei $a\,l = 1\,\pi$, $a\,l = 2\,\pi$, $a\,l = 3\,\pi$ usw., also bei $a\,l = n\,\pi$ mit $n = 1, 2, 3, \dots$.

$$\sin(a\,l) = 0 \quad \text{bei } a\,l = n\,\pi$$

Bei den gegebenen Randbedingungen $w(x = 0) = 0$ und $w(x = l) = 0$ hat die Differentialgleichung also nur eine Lösung für die Werte $a_n = n\,\pi/l$ mit $n = 1, 2, 3\dots$

$$a_n = \frac{n\,\pi}{l}$$
$$n = 1, 2, 3,\dots$$

Zu den Werten $a_n$ gehören die Funktionen $w(x) = C_1 \sin(a_n x)$ und bestimmte Beträge für die Druckkraft $F_n$.

$$F_n = a_n^2\,E I \qquad a_n^2 = \frac{n^2\,\pi^2}{l^2}$$
$$F_n = \frac{n^2\,\pi^2}{l^2}\,E I$$

Die kleinste Druckkraft $F_n$, bei der das Ausweichen des Stabes beginnt, ergibt sich für $n = 1$. Diese Kraft ist die Eulersche Knickkraft $F_{(n=1)} = F_K$. Andere Lagerungsfälle, wie sie im Lehrbuch Abschnitt 5.10.2 dargestellt sind, werden durch die Einführung des Begriffs Knicklänge $s$ erfaßt. Für den hier behandelten Eulerschen Normalfall ist $s = l$ zu setzen.

$$F_K = \frac{E I\,\pi^2}{l^2} \qquad a_n^2 = \frac{\pi^2}{l^2}$$

$$F_K = \frac{E I\,\pi^2}{s^2} \qquad \begin{aligned}&\text{Eulersche} \\ &\text{Knickungsgleichung}\end{aligned}$$

*Beachte:* $l$ ist stets das *kleinste* axiale Flächenmoment 2. Grades.

# 3 Aus der Statik

## 3.1 Schwerpunktsbestimmung für den Kreisbogen

(Lehrbuch Abschnitt 2.3.1)

Der Schwerpunkt $S$ des Kreisbogens $\widehat{AB}$ liegt auf der Symmetrieachse. Gesucht wird der Schwerpunktabstand $y_0$ von der durch den Kreismittelpunkt $M$ gehenden Achse $x-x$.
Wie die Skizze zeigt, läßt sich die Bogenlänge $b$ in (unendlich) viele kleine Bogenstücke $mn$ zerlegen, von denen man jedes als Gerade auffassen kann.

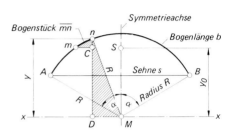

Das Bogenstück $\overline{mn}$ hat von der $x$-Achse den Schwerpunktabstand $y = \overline{nD}$.

$$y = \overline{nD}$$

Das Linienmoment des Bogenstücks in bezug auf die $x$-Achse ist das Produkt aus Bogenstück $\overline{mn}$ und Wirkabstand $y$ (siehe Lehrbuch Abschnitt 2.3.1).

$$\overline{mn} \cdot y = \overline{mn} \cdot \overline{nD}$$

Aus den beiden Dreiecken $mCn$ und $DMn$ läßt sich mit $\overline{nM} =$ Radius $R$ eine Proportion ablesen.

$$\frac{\overline{mn}}{\overline{mC}} = \frac{R}{y}$$

Aus der Proportion folgt $\overline{mn} \cdot y = R \cdot \overline{mC}$. Beide Seiten der Gleichung können summiert werden.

$$\overline{mn} \cdot y = R \cdot \overline{mC}$$
$$\Sigma\, \overline{mn} \cdot y = R \cdot \Sigma\, \overline{mC}$$

Die Summe aller Teilstrecken $\overline{mC}$ ist gleich der Länge der Sehne $s$ des Kreisbogens.

$$\Sigma\, \overline{mn} \cdot y = R\,s$$

Außerdem ist nach dem Momentensatz für Linien die Summe aller Linienmomente gleich dem Linienmoment der Gesamtlinie (siehe Lehrbuch Abschnitt 2.3.1).

$$\Sigma\, \overline{mn} \cdot y = b\,y_0$$

Damit hat man die gesuchte Gleichung für den Schwerpunktabstand $y_0$ des Kreisbogens vom Mittelpunkt $M$ gefunden (siehe Lehrbuch Abschnitt 2.3.2).

$$b\,y_0 = R\,s$$

$$y_0 = \frac{R\,s}{b} \qquad (1)$$

Die Länge der Sehne $s$ und des Bogens $b$ bestimmt man mit dem halben Zentriwinkel $\alpha$ und dem Radius $R$.

$$\sin \alpha = \frac{\frac{s}{2}}{R}$$

$$s = 2R \sin \alpha$$

Mit dem Bogenmaß des Winkels $\alpha$ kann der Bogen $b$ beschrieben und damit eine zweite Gleichung für den Schwerpunktabstand $y_0$ aufgestellt werden.

*Beachte:* $1° = \pi/180$ rad (siehe AH 1, Tafel 1.22).

$$\frac{b}{2} = \alpha R \Rightarrow b = 2R\alpha$$

$$y_0 = \frac{Rs}{b} = \frac{R\,2R\sin\alpha}{2R\alpha}$$

$$y_0 = \frac{R \sin \alpha}{\alpha} \qquad (2)$$

## 3.2 Schwerpunktsbestimmung für den Kreisausschnitt

(Lehrbuch Abschnitt 2.2.1)

Der Schwerpunkt $S$ des Kreisausschnittes liegt auf der Symmetrieachse. Gesucht wird der Schwerpunktabstand $y_0$ von der durch den Kreismittelpunkt gehenden Achse $x-x$. Dazu denkt man sich den Kreisausschnitt durch (unendlich) viele kleine Kreisausschnitte ersetzt, die man als gleichschenklige Dreiecke mit der Höhe $R$ auffassen kann.

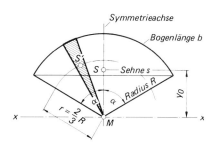

Die Einzelschwerpunkte $S'$ dieser kleinen Kreisausschnitte sind vom Mittelpunkt $M$ um $r = 2R/3$ entfernt (siehe Lehrbuch Abschnitt 2.2.2).

$$r = \frac{2}{3}R$$

Verbindet man die Einzelschwerpunkte $S'$ durch eine Kurve, so ist diese ein Kreisbogen mit dem Radius $r = 2R/3$. Denkt man sich nun die gesamte Fläche des Kreisausschnittes auf dem Kreisbogen vereinigt, dann ist dessen Schwerpunkt $S$ zugleich Schwerpunkt des gesamten Kreisausschnittes.

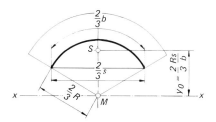

Nach 3.1 gilt für den Schwerpunktabstand des Kreisbogens allgemein $y_0 = Rs/b$. Außerdem verhalten sich beim Kreisausschnitt die Radien wie die Sehnen und Bogen.

Damit ist die gesuchte Gleichung für den Schwerpunktabstand des Kreisausschnittes gefunden.

$$y_0 = \frac{\frac{2}{3}R \cdot \frac{2}{3}s}{\frac{2}{3}b}$$

$$y_0 = \frac{2}{3}\frac{Rs}{b} \qquad (1)$$

46

Beim Kreisbogen war $s = 2R\sin\alpha$ und $b = 2R\alpha$ (siehe Abschnitt 3.1). Darin ist $\alpha$ das Bogenmaß des halben Zentriwinkels. Setzt man die beiden Beziehungen ein, dann erhält man wie beim Kreisbogen eine zweite Gleichung für den Schwerpunktabstand des Kreisausschnittes.

$$s = 2R\sin\alpha$$
$$b = 2R\alpha$$

$$y_0 = \frac{2}{3}\frac{R\sin\alpha}{\alpha} \qquad (2)$$

Für die Umrechnung der Winkeleinheiten Grad und Bogenmaß gilt die nebenstehende Beziehung (siehe auch AH 1, Tafel 1.22).

$$1° = \frac{\pi}{180}\ \text{rad}$$

Will man den Schwerpunktabstand $y_0$ der Halbkreisfläche berechnen, dann ist in die allgemeine Beziehung der halbe Zentriwinkel $\alpha = 90°$ einzusetzen.

$$\sin\alpha = \sin 90° = 1$$
$$90° = \frac{\pi\cdot 90°}{180°}\ \text{rad} = \frac{\pi}{2}\ \text{rad}$$

Die Ausrechnung führt zu der im Lehrbuch Abschnitt 2.2.2 angegebenen Beziehung für den Schwerpunktabstand der Halbkreisfläche.

$$y_0 = \frac{2R\sin 90°}{3\frac{\pi}{2}}$$

$$y_0 = \frac{4}{3\pi}R \qquad (3)$$

## 3.3 Reibung am Spurzapfen

(Lehrbuch Abschnitt 3.4.3.2)

Die im Lehrbuch Abschnitt 3.4.3.2 angegebene Gleichung für das Reibmoment $M_R$ am *Ring-spurzapfen* soll mit Hilfe der Infinitesimalrechnung überprüft werden. Wir skizzieren dazu die Lagergleitfläche $A$ und tragen als Flächendifferential $dA$ einen schmalen Ring vom Radius $x$ und von der Dicke $dx$ ein. Dieser Ring überträgt das Reibkraftdifferential $dF_R$.

Es wird angenommen, daß sich die gesamte Lagerkraft $F$ gleichmäßig über der Lagergleitfläche $A$ verteilt. Dann ist die Flächenpressung $p = F/A$ konstant.

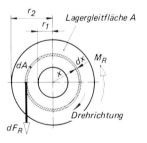

Lagergleitfläche $A$ und Flächendifferential $dA$ am Ringspurzapfen
(siehe Lehrbuch Abschnitt 3.4.3.2)

Das Flächendifferential $dA$ ist ein Kreisring, der mit der Dicke $dx$ und dem Radius $x$ beschrieben werden kann.

$$dA = 2\pi x\,dx$$

Das Reibkraftdifferential $dF_R$ ist wegen $F_R = \mu F_N$ (Lehrbuch Abschnitt 3.2.1) das Produkt aus der Spurzapfenreibzahl $\mu$ und dem Differential $dF$ der Lagerkraft $F$.

$$dF_R = \mu\,dF$$

*Beachte:* Die Lagerkraft $F$ wirkt senkrecht auf die Lagergleitfläche $A$, ist also gleich der Normalkraft $F_N = F$.

Das Kraftdifferential d$F$ kann mit Hilfe der Flächenpressung $p = F/A$ ausgedrückt werden.

$$p = \frac{F}{A} \quad \Rightarrow F = pA$$

$$dF = p\,dA = p \cdot 2\pi x\,dx$$

Das Differential des Reibmomentes ist das Produkt aus dem Reibkraftdifferential d$F_R$ und dessen Wirkabstand $x$ vom Mittelpunkt der Lagergleitfläche $A$.

$$dM_R = dF_R\,x$$

$$dM_R = \mu\,dF\,x = \mu\,p\,dA\,x$$

Durch Einsetzen der bisher entwickelten Ausdrücke erhalten wir die ausführlichste Form der Gleichung für das Reibmomentendifferential d$M_R$.

$$dM_R = 2\pi\mu p x^2\,dx \tag{1}$$

Das gesamte Reibmoment $M_R$ ist das Integral über allen Reibmomentendifferentialen d$M_R$ in den Grenzen von $x = r_1$ bis $x = r_2$.

$$M_R = \int_{r_1}^{r_2} dM_R = \int_{r_1}^{r_2} 2\pi\mu p x^2\,dx$$

$$M_R = 2\pi\mu p \int_{r_1}^{r_2} x^2\,dx$$

Die Ausrechnung des Integrals nach AH 1, Tafel 1.39 führt zu einer Gleichung für das Reibmoment $M_R$, in der noch die Flächenpressung $p = F/A$ enthalten ist.

$$M_R = 2\pi\mu p \left[\frac{x^3}{3}\right]_{r_1}^{r_2}$$

$$M_R = \frac{2}{3}\pi\mu p\,(r_2^3 - r_1^3) \tag{2}$$

Für praktische Rechnungen kennt man die Lagerkraft $F$. Deshalb wird die Flächenpressung $p$ durch den Quotienten $F/A$ ersetzt. Darin ist die Lagergleitfläche $A = \pi(r_2^2 - r_1^2)$.

$$M_R = \frac{2}{3}\pi\mu\,\frac{F}{\pi(r_2^2 - r_1^2)}\,(r_2^3 - r_1^3)$$

$$M_R = \frac{2}{3}\mu F\,\frac{r_2^3 - r_1^3}{r_2^2 - r_1^2} \tag{3}$$

(Reibmoment am Ringspurzapfen)

Stellen wir nun die hier entwickelte Gleichung (3) der im Lehrbuch Abschnitt 3.4.3.2 angegebenen Gleichung für das Reibmoment $M_R$ gegenüber, dann zeigt sich keine Übereinstimmung. Diese Tatsache soll näher untersucht werden.

$$M_R = F\mu\,\frac{2}{3}\,\frac{r_2^3 - r_1^3}{r_2^2 - r_1^2}$$

$$M_R = F\mu\,\frac{r_1 + r_2}{2} \quad \text{mit} \quad \frac{r_1 + r_2}{2} = r_m$$

(Lehrbuchgleichung)

Wir wollen uns nun die Frage stellen, welche der beiden Gleichungen zu einem kleineren Betrag für das Reibmoment $M_R$ führt. Der Vergleich wird einfacher, wenn wir beispielsweise den Außenradius $r_2$ durch $r_2 = 2\,r_1$ ersetzen und die Beträge für das Reibmoment als Vielfaches des Produktes $F\,\mu\,r_1$ berechnen.

$$M_R = F\mu\,\frac{2}{3}\,\frac{(2r_1)^3 - r_1^3}{(2r_1)^2 - r_1^2} = F\mu\,\frac{2}{3}\,\frac{7\,r_1^3}{3\,r_1^2}$$

$$M_R = F\mu\,\frac{14}{9}\,r_1 = 1{,}56\,F\mu\,r_1$$

Die Rechnung zeigt, daß die Lehrbuchgleichung zu geringfügig kleineren Beträgen für das Reibmoment $M_R$ führt.

In der Praxis arbeitet man mit der einfacheren Lehrbuchgleichung auch mit der Begründung, daß sich nach dem Einlaufen der Lagergleitfläche kleinere Reibmomente einstellen.

$$M_R = F\mu\,\frac{r_1 + 2\,r_1}{2} = F\mu\,\frac{3\,r_1}{2}$$

$$M_R = 1{,}5\,F\mu\,r_1 \quad \text{(Lehrbuchgleichung)}$$

Aus Gleichung (3) für das Reibmoment $M_R$ am *Ring*spurzapfen läßt sich leicht die Gleichung für das Reibmoment $M_R$ am *Voll*spurzapfen entwickeln. Beim Vollspurzapfen ist $r_1 = 0$ und $r_2$ kann gleich $r$ gesetzt werden.

$$M_R = \frac{2}{3}\,F\mu\,\frac{r_2^3 - r_1^3}{r_2^2 - r_1^2}$$

$r_1 = 0$ und
$r_2 = r$ für Vollspurzapfen eingesetzt:

$$M_R = \frac{2}{3}\,F\mu\,r \qquad (4)$$

(Reibmoment am Vollspurzapfen)

Die entsprechende Gleichung im Lehrbuch Abschnitt 3.4.3.2 für den Vollspurzapfen ist ebenfalls nicht identisch mit der hier entwickelten Gleichung (4), denn die Lehrbuchgleichung enthält als Zahlenwert nicht 2/3 sondern 1/2. Auch hier wird die abnehmende Reibung nach dem Einlaufen des Lagers berücksichtigt.

$$\frac{1}{2}\,F\mu\,r < \frac{2}{3}\,F\mu\,r$$

$$0{,}5 < 0{,}67$$

## 3.4 Eulersche Seilreibungsformel

(Lehrbuch Abschnitt 3.4.5)

Über einem feststehenden Zylinder liegt ein Seil. Es ist links mit der Kraft $F_2$ belastet und soll mit konstanter Geschwindigkeit $v$ in Richtung der rechts wirkenden Zugkraft $F_1$ über den Zylinder gleiten.

Wegen der Gleitreibkraft $F_R$ zwischen dem Seil und dem Zylinder ist sicher $F_1 > F_2$.

Gesucht wird eine Gleichung zur Berechnung der Zugkraft $F_1$.

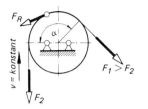

Ein Seilelement, das dem Winkel $d\alpha$ entspricht, machen wir nach den Regeln aus dem Lehrbuch Abschnitt 1.1.7 frei. An ihm greift in Lastrichtung die Kraft $F$ an. In Richtung der Zugkraft wirkt die um $dF$ größere Kraft $F + dF$.

Außerdem ist am Seilelement die in tangentialer Richtung wirkende Reibkraft $dF_R$ anzutragen (entgegengesetzt zur Bewegungsrichtung). Als vierte Kraft greift in Richtung der Normalen die vom Zylinder auf das Seil wirkende Normalkraft $dF_N$ an.

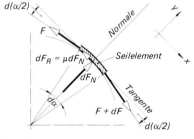

Lageskizze

Aus der Lageskizze läßt sich die Krafteckskizze entwickeln. An die Kraft $F$ wird die Kraft $F + dF$ angetragen (Winkel $d\alpha$). Das Krafteck schließt die Kraft $dF_e$ (Ersatzkraft für Reibkraft $dF_R$ und Normalkraft $dF_N$ nach Lehrbuch Abschnitt 3.3). In Tangenten- und Normalenrichtung werden die rechtwinklig aufeinander stehenden Komponenten der drei Kräfte eingetragen: Für $dF_e$ die Komponenten $dF_N$ und $dF_R$, für $F$ die Komponenten $F \cos d(\alpha/2)$ und $F \sin d(\alpha/2)$ und für $F + dF$ die Komponenten $(F + dF) \cos d(\alpha/2)$ und $(F + dF) \sin d (\alpha/2)$.

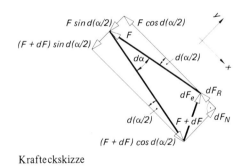

Krafteckskizze

Aus der Krafteckskizze können nun die Gleichgewichtsbedingungen in Tangenten- und in Normalenrichtung abgelesen werden.

50

Die Gleichgewichtsbedingung $\Sigma F_x = 0$ führt zu der Gleichung $dF \cos d(\alpha/2) = dF_R$. Nun ist für sehr kleine Winkel $\alpha$ der Funktionswert $\cos \alpha \approx 1$. Beispielsweise ist für $\alpha = 0{,}1°$ $\cos 0{,}1° = 0{,}999\,998\,5$. Folglich kann $dF \cos d(\alpha/2) = dF$ gesetzt werden. Außerdem ist nach Lehrbuch Abschnitt 3.2.1 die Reibkraft $F_R$ gleich dem Produkt aus der Reibzahl $\mu$ und der Normalkraft $F_N$, so daß hier $dF_R = \mu\, dF_N$ ist. Damit ergibt sich Gleichung (1).

$$\Sigma F_x = 0 = (F + dF)\cos d(\alpha/2) - dF_R - F \cos d(\alpha/2)$$

$$F \cos d(\alpha/2) + dF \cos d(\alpha/2) - dF_R - F \cos d(\alpha/2) = 0$$

$$dF \underbrace{\cos d(\alpha/2)}_{\approx 1} = dF_R$$

$$dF = dF_R$$

$$dF = \mu\, dF_N \tag{1}$$

Die Gleichgewichtsbedingung $\Sigma F_y = 0$ führt zu einer Gleichung für die Normalkraft $dF_N = 2F \sin d(\alpha/2) + dF \sin d(\alpha/2)$.

Das Glied $dF \sin d(\alpha/2)$ kann als „klein höherer Ordnung" gegenüber $F \sin d(\alpha/2)$ vernachlässigt werden.

Außerdem ist für sehr kleine Winkel $\alpha$ der Sinus des Winkels gleich dem Winkel im Bogenmaß also $\sin d(\alpha/2) = d(\alpha/2)$.

$$\Sigma F_y = 0 = dF_N - F \sin d(\alpha/2) - (F + dF)\sin d(\alpha/2)$$

$$dF_N = F \sin d(\alpha/2) + F \sin d(\alpha/2) + dF \sin d(\alpha/2)$$

$$dF_N = 2F \sin d(\alpha/2) + \underbrace{dF \sin d(\alpha/2)}_{\Rightarrow 0}$$

$$dF_N = 2F \sin d(\alpha/2)$$
$$\sin d(\alpha/2) = d(\alpha/2)$$

$$dF_N = 2F\, d(\alpha/2) = 2F\, \frac{d\alpha}{2}$$

$$dF_N = F\, d\alpha \tag{2}$$

Gleichung (2) wird abschließend in Gleichung (1) eingesetzt und es ergibt sich die Ausgangsgleichung (3) für die Integration.

$$dF = \mu\, dF_N = \mu F\, d\alpha$$

$$\frac{dF}{F} = \mu\, d\alpha \tag{3}$$

Beide Seiten der Gleichung werden integriert, die rechte Seite zwischen den Grenzen $\alpha = 0$ und $\alpha = \alpha$, die linke Seite entsprechend von $F = F_2$ bis $F = F_1$.

$$\int_{F_2}^{F_1} \frac{dF}{F} = \int_0^\alpha \mu\, d\alpha = \mu\alpha$$

Die rechte Seite der Gleichung ergibt das Produkt aus Reibzahl und Umschlingungswinkel ($\mu\alpha$). Für die linke Seite gilt nach AH 1, Tafel 1.39 die Beziehung $\int dx/x = \ln x$.

$$\ln F_1 - \ln F_2 = \mu\alpha$$
oder:
$$\ln \frac{F_1}{F_2} = \mu\alpha$$

Nach AH 1, Tafel 1.11 ist $n = \ln e^n$. Für $\mu\alpha$ kann somit $\mu\alpha = \ln e^{\mu\alpha}$ eingesetzt werden.

$$\ln \frac{F_1}{F_2} = \ln e^{\mu\alpha}$$

Die Gleichung wird abschließend delogarithmiert und es ergibt sich die gesuchte Eulersche Seilreibungsformel (4).

$$\frac{F_1}{F_2} = e^{\mu\alpha}$$

$$F_1 = F_2\, e^{\mu\alpha} \tag{4}$$

# 4  Lösungen

## 4.1  Lösungen aus der Bewegungslehre

**1.**

a) Nach Abschnitt 1.2 ist die gesuchte Beschleunigung-Zeit-Funktion $a(t)$ die 1. Ableitung der gegebenen Geschwindigkeit-Zeit-Funktion:

$$v(t) = a_0\, t - k\, t^2$$
$$a(t) = \dot{v}(t) = a_0 - 2\,k\,t$$

b) Die maximale Beschleunigung $a_{max}$ kann nach der vorliegenden Funktionsgleichung

$$a(t) = a_0 - 2\,k\,t$$

nur zum Zeitpunkt $t = 0$ auftreten, weil dann das zweite Glied $2\,k\,t$ gleich Null wird:

$$a_{max} = a_0 - 2\,k \cdot 0 = a_0 = 8\,\tfrac{m}{s^2}$$

(Die Konstante $k$ kann nicht Null sein).

c) Die Höchstgeschwindigkeit $v_{max}$ ist erreicht, wenn die Beschleunigung $a(t) = 0$ geworden ist. Man setzt daher die unter a) ermittelte Beschleunigung-Zeit-Funktion gleich Null und berechnet den Zeitpunkt $t_1$:

$$a(t) = a_0 - 2\,k\,t_1 = 0$$

$$t_1 = \frac{a_0}{2\,k} = \frac{8\,\tfrac{m}{s^2}}{2 \cdot 0{,}4\,\tfrac{m}{s^3}} = 10\,s$$

Die Zeit $t_1 = 10\,s$ wird in die gegebene Funktion $v(t) = a_0 t - k\,t^2$ eingesetzt und $v_{max}$ berechnet:

$$v_{max} = a_0\,t_1 - k\,t_1^2$$

$$v_{max} = 8\,\tfrac{m}{s^2} \cdot 10\,s - 0{,}4\,\tfrac{m}{s^3} \cdot 10^2\,s^2 = 40\,\tfrac{m}{s}$$

d) Nach Abschnitt 1.3 ist der Weg $s$ das Zeitintegral der Geschwindigkeit:

$$s_1 = \int_0^{t_1} v(t)\,\mathrm{d}t = \int_0^{t_1} (a_0\,t - k\,t^2)\,\mathrm{d}t$$

$$s_1 = \frac{a_0}{2}\,t_1^2 - \frac{k}{3}\,t_1^3$$

$$s_1 = \frac{8\,\tfrac{m}{s^2}}{2} \cdot 10^2\,s^2 - \frac{0{,}4\,\tfrac{m}{s^3}}{3} \cdot 10^3\,s^3 = 266{,}67\,m$$

**2.**

a) Stillstand ist bei $v(t) = 0$ erreicht. Die Bremszeit $t_1$ ergibt sich damit aus

$$v(t) = v_0 - k\,t_1^2 = 0$$

$$t_1 = \sqrt{\frac{v_0}{k}} = \sqrt{\frac{4\,\tfrac{m}{s}}{0{,}25\,\tfrac{m}{s^3}}} = 4\,s$$

b) Zunächst muß aus der gegebenen Geschwindigkeit-Zeit-Funktion als 1. Ableitung die Beschleunigung-Zeit-Funktion ermittelt werden:

$$a(t) = \dot{v}(t) = \dot{v}(v_0 - k\,t^2) = -2\,k\,t$$

Daraus läßt sich die Beschleunigung $a_1$ zum Zeitpunkt $t_1$ berechnen:

$$a_1 = -2 \cdot 0{,}25\,\tfrac{m}{s^3} \cdot 4\,s = -2\,\tfrac{m}{s^2}$$

Das negative Vorzeichen zeigt an, daß es sich um eine Verzögerung handelt (negative Beschleunigung).

c) Der Bremsweg ist nach Abschnitt 1.3 das bestimmte Integral der gegebenen Geschwindigkeit-Zeit-Funktion in den Zeitgrenzen von $t_0 = 0$ bis $t_1 = 4\,s$:

$$s_1 = \int_0^{t_1} v(t)\,\mathrm{d}t = \int_0^{t_1} (v_0 - k\,t^2)\,\mathrm{d}t$$

$$s_1 = v_0 \int_0^{t_1} \mathrm{d}t - k \int_0^{t_1} t^2\,\mathrm{d}t = v_0\,t - \frac{k}{3}\,t^3$$

$$s_1 = 4\,\tfrac{m}{s} \cdot 4\,s - \frac{0{,}25\,\tfrac{m}{s^3}}{3} \cdot 4^3\,s^3 = 10{,}68\,m$$

**3.**

a) Die Geschwindigkeit-Zeit-Funktion $v(t)$ ist die Integralfunktion von $a(t)$

$$v(t) = \int (g - k\,t)\,\mathrm{d}t = g\,t - \frac{k}{2}\,t^2 + C$$

$C$ ist die Anfangsgeschwindigkeit $v_0$: $C = v_0 = 0$

b) $v_{\max}$ durch Extremwertbestimmung, d.h. 1. Ableitung $a(t) = 0$ setzen und daraus $t_1 = 49{,}05\,\text{s}$ bestimmen.

c) $t_1$ in $v(t)$ einsetzen: $v_{\max} = 240{,}59\,\frac{\text{m}}{\text{s}}$

d) $s_1 = \int\limits_0^{t_1} v(t)\,\mathrm{d}t = \int\limits_0^{t_1} \left(gt - \frac{k}{2}\,t^2\right)\mathrm{d}t = \frac{g}{2}\,t_1^2 - \frac{k}{6}\,t_1^3$

$s_1 = \dfrac{9{,}81\,\frac{\text{m}}{\text{s}^2}}{2}\cdot 49{,}05^2\,\text{s}^2 - \dfrac{0{,}2\,\frac{\text{m}}{\text{s}^3}}{6}\cdot 49{,}05^3\,\text{s}^3$

$s_1 = 7867\,\text{m}$

**4.**

a) $v(t) = \int a(t)\,\mathrm{d}t = \int (-a_0 + k\,t)\,\mathrm{d}t$

$v(t) = \frac{k}{2}\,t^2 - a_0 t + C \qquad C = v_0 = 30\,\frac{\text{m}}{\text{s}}$

($C$ ist die Anfangsgeschwindigkeit $v_0$)

$t_1 = 10\,\text{s}$ in $v(t)$ einsetzen:

$v_1 = \dfrac{0{,}2\,\frac{\text{m}}{\text{s}^3}}{2}\cdot 10^2\,\text{s}^2 - 3\,\frac{\text{m}}{\text{s}^2}\cdot 10\,\text{s} + 30\,\frac{\text{m}}{\text{s}} = 10\,\frac{\text{m}}{\text{s}}$

b) $s_1 = \int\limits_0^{t_1} v(t)\,\mathrm{d}t = \int\limits_0^{t_1}\left(\frac{k}{2}\,t^2 - a_0 t + C\right)\mathrm{d}t$

$s_1 = \frac{k}{6}\,t_1^3 - \frac{a_0}{2}\,t_1^2 + C\,t_1$

$s_1 = \dfrac{0{,}2\,\frac{\text{m}}{\text{s}^3}}{6}\cdot 10^3\,\text{s}^3 - \dfrac{3\,\frac{\text{m}}{\text{s}^2}}{2}\cdot 10^2\,\text{s}^2 + 30\,\frac{\text{m}}{\text{s}}\cdot 10\,\text{s}$

$s_1 = 183{,}33\,\text{m}$

## 4.2 Lösungen zu Trägheitsmomenten

**1.**

Ansatz des Volumendifferentials:

$\mathrm{d}V = 2\,\pi r_\text{n}\, h\, \mathrm{d}r$

Ansatz des Massedifferentials:

$\mathrm{d}m = \rho\,\mathrm{d}V = 2\,\pi\rho h\, r_\text{n}\, \mathrm{d}r$

Ansatz des bestimmten Integrals:

$J = \int\limits_{r_\text{n}=r}^{r_\text{n}=R} r_\text{n}^2\,\mathrm{d}m = \int\limits_{r}^{R} r_\text{n}^2\, 2\,\pi\rho h\, r_\text{n}\, \mathrm{d}r$

$J = 2\,\pi\rho h \int\limits_{r}^{R} r_\text{n}^3\,\mathrm{d}r$

Ausrechnen des Integrals:

$J = 2\,\pi\rho h\left[\frac{r_\text{n}^4}{4}\right]_r^R = 2\,\pi\rho h\left(\frac{R^4 - r^4}{4}\right)$

$J = \frac{\pi\rho h}{2}\,(R^4 - r^4) \qquad\qquad\qquad (1)$

Die gefundene Formel (1) für das Trägheitsmoment $J$ des Hohlzylinders kann noch umgeschrieben werden.

Dazu wird die Differenz $(R^4 - r^4)$ entsprechend der binomischen Formel $(a^2 - b^2) = (a + b)(a - b)$ zerlegt:

$R^4 - r^4 = (R^2 + r^2)(R^2 - r^2)$

(siehe AH 1, Tafel 1.8)

Über das Volumen $V$ des Hohlzylinders läßt sich mit Hilfe der Dichte $\rho$ die Masse $m$ des Körpers ausdrücken:

$V = \pi h\,(R^2 - r^2)$

$m = \rho\,V$

$m = \pi\rho h\,(R^2 - r^2)$

Dieser Ausdruck ist in Formel (1) für das Trägheitsmoment $J$ des Hohlzylinders enthalten, so daß die Formel mit der Masse $m$ geschrieben werden kann:

$J = \frac{\pi\rho h}{2}\,(R^2 - r^2)(R^2 + r^2)$

$\boxed{J = m\,\dfrac{R^2 + r^2}{2}}$     Trägheitsmoment $J$ des Hohlzylinders     (2)

Für den *Vollzylinder* ist $r = 0$. Damit erhält man die im 1. Beispiel hergeleitete Formel (dort mit $r$ geschrieben):

$\boxed{J = m\,\dfrac{R^2}{2}}$     Trägheitsmoment $J$ des Vollzylinders     (3)

**2.**

Ansatz des Massedifferentials:

$dm = \rho \, dV = \rho \, s \, dA$

Ansatz des Integrals:

$$J_x = \int r_n^2 \, dm = \int r_n^2 \, \rho \, s \, dA$$

Ersetzen von $r_n$ durch die Koordinaten $y$ und $z$:

$r_n^2 = y^2 + z^2$

Ansatz des Integrals mit $r_n^2 = y^2 + z^2$

$$J_x = \int (y^2 + z^2)\rho \, s \, dA$$

$$J_x = \rho \, s \underbrace{\int y^2 \, dA}_{I_z} + \rho \, s \underbrace{\int z^2 \, dA}_{I_y} \qquad (1)$$

Die Ausdrücke $\int y^2 \, dA$ und $\int z^2 \, dA$ sind nach Abschnitt 2.2 die Flächenmomente $I_z$ und $I_y$ der entsprechenden Quaderflächen. Sie sind für Rechteckflächen bekannt (siehe Abschnitt 2.4 und Lehrbuch Tafel 5.1).

$$I_z = \int y^2 \, dA = \frac{h \, b^3}{12} \quad \text{bezogen auf die } z\text{-Achse}$$

$$I_y = \int z^2 \, dA = \frac{b \, h^3}{12} \quad \text{bezogen auf die } y\text{-Achse}$$

Die Ausdrücke für die beiden Flächenmomente 2. Grades werden in Gleichung (1) eingesetzt.

$$J_x = \rho \, s \, \frac{b \, h^3}{12} + \rho \, s \, \frac{h \, b^3}{12}$$

Die Masse $m$ des Quaders ist das Produkt aus dem Volumen $V = b \, h \, s$ und der Dichte $\rho$.

$m = \rho \, V = \rho \, s \, b \, h$

Damit ist die letzte Form der gesuchten Formel für das Trägheitsmoment $J_x$ des Quaders gefunden, bezogen auf die $x$-Achse.

$$J_x = \underbrace{\rho \, s \, b \, h}_{m} \left( \frac{h^2}{12} + \frac{b^2}{12} \right)$$

$$J_x = m \, \frac{b^2 + h^2}{12} \qquad \text{Bezugsachse ist die } x\text{-Achse}$$

Die gleiche Entwicklung führt zu Formeln für das Trägheitsmoment für die beiden anderen Achsen.

$$J_y = m \, \frac{s^2 + h^2}{12} \qquad \text{Bezugsachse ist die } y\text{-Achse}$$

$$J_z = m \, \frac{s^2 + b^2}{12} \qquad \text{Bezugsachse ist die } z\text{-Achse}$$

**3.**

Ansatz des Trägheitsmomentes, bezogen auf die $y$-Achse:

$$J_y = m \, \frac{s^2 + h^2}{12}$$

Abstand $l$ der parallelen Bezugsachsen $y - y$ und $0 - 0$:

$$l = \frac{h}{2}$$

Steinerscher Verschiebesatz:

$$J_0 = J_s + m \, l^2 \qquad\qquad J_s = J_y$$

$$J_0 = J_y + m \left( \frac{h}{2} \right)^2$$

$$J_0 = m \, \frac{s^2 + h^2}{12} + m \, \frac{h^2}{4} = m \, \frac{s^2}{12} + m \, \frac{h^2}{12} + m \, \frac{3 \, h^2}{12}$$

$$J_0 = \frac{m}{12} \, (s^2 + 4 \, h^2)$$

## 4.3  Lösungen zu Flächenmomenten 2. Grades

**1.**

Flächendifferential $dA = x \, dy$

Proportion $\dfrac{x}{a} = \dfrac{y}{h}$

$x = \dfrac{a}{h} y$

Flächendifferential $dA = \dfrac{a}{h} y \, dy$

Flächenmoment

$$I_x = \int_0^h dA \, y^2 = \int_0^h \frac{a}{h} y \, y^2 \, dy = \frac{a}{h} \int_0^h y^3 \, dy$$

$$I_x = \frac{a}{h} \left[ \frac{y^4}{4} \right]_0^h = \frac{a}{h} \cdot \frac{h^4}{4} = \frac{a \, h^3}{4}$$

**2.**

Flächenmoment für die $x$-Achse

$$I_x = \frac{a\,h^3}{12}$$

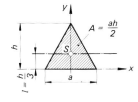

Steinerscher Satz für die Schwerachse:

$$I_s = I_x - A\,l^2$$

$$I_s = \frac{a\,h^3}{12} - \frac{a\,h}{2}\left(\frac{h}{3}\right)^2$$

$$I_s = \frac{a\,h^3}{12} - \frac{a\,h^3}{18} = a\,h^3\left(\frac{3}{36} - \frac{2}{36}\right) = \frac{a\,h^3}{36}$$

*Beachte:* Der Steinersche Satz in bezug auf die zur Schwerachse parallele $x$-Achse lautet: $I_x = I_s + A\,l^2$. Daraus folgt der Ansatz für $I_s = I_x - A\,l^2$. Das Produkt $A\,l^2$ erhält also das *negative* Vorzeichen (siehe auch Lehrbuch Abschnitt 5.7.6.1).

**3.**

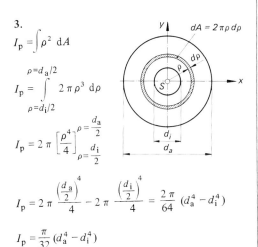

$$I_p = \int \rho^2\,dA$$

$$I_p = \int_{\rho = d_i/2}^{\rho = d_a/2} 2\,\pi\,\rho^3\,d\rho$$

$$I_p = 2\,\pi\left[\frac{\rho^4}{4}\right]_{\rho = \frac{d_i}{2}}^{\rho = \frac{d_a}{2}}$$

$$I_p = 2\,\pi\,\frac{\left(\frac{d_a}{2}\right)^4}{4} - 2\,\pi\,\frac{\left(\frac{d_i}{2}\right)^4}{4} = \frac{2\,\pi}{64}\,(d_a^4 - d_i^4)$$

$$I_p = \frac{\pi}{32}\,(d_a^4 - d_i^4)$$

*Beachte:* Mit dem Satz im Lehrbuch Abschnitt 5.7.5 wird die Lösung einfacher, denn Flächenmomente 2. Grades dürfen addiert und subtrahiert werden, wenn Teil- und Gesamtschwerachse zusammenfallen. Wir können also vom polaren Flächenmoment der Kreisfläche mit dem Durchmesser $d_a$ das Flächenmoment der Kreisfläche mit dem Durchmesser $d_i$ abziehen:

$$I_p = \frac{\pi}{32}\,d_a^4 - \frac{\pi}{32}\,d_i^4 = \frac{\pi}{32}\,(d_a^4 - d_i^4)$$

**4.**

Definitionsgemäß gilt für das polare Flächenmoment 2. Grades $I_p = \int \rho^2\,dA$.

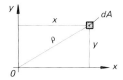

Da nach Lösungsskizze $\rho^2 = x^2 + \dot{y}^2$ ist, gilt auch:

$$I_p = \int \rho^2\,dA = \int x^2\,dA + \int y^2\,dA$$

das heißt: Das polare Flächenmoment 2. Grades ist gleich der Summe der beiden axialen Flächenmomente 2. Grades. Für die Kreisfläche muß jedes axiale Flächenmoment 2. Grades in bezug auf eine Durchmesserachse gleich groß sein: $I_x = I_y$. Für die Kreisfläche wird damit:

$$I_p = 2\,I_x = 2\,I_y$$

oder auch

$$I_x = I_y = \frac{I_p}{2}$$

Mit $I_p = \pi\,d^4/32$ erhält man damit für das axiale Flächenmoment 2. Grades der Kreisfläche:

$$I_x = I_y = \frac{\pi\,d^4}{64}$$

(siehe Lehrbuch Tafeln 5.1. und 5.2.)

# Sachwortverzeichnis

**A**

Ableitung 3
Ableitungsfunktionen 4
Analogieschluß 30
Anformungsgleichung 19

**B**

Beschleunigung 3
Beschleunigungsbegriff 1
Biegehauptgleichung 30
Biegemomente, Vorzeichen 37
Biegemoment und Querkraft 32
Biegesteifigkeit 35

**D**

Differentialgleichung der elastischen Linie 34,36
Differentialquotienten 6
Differenzen 1
Differenzenquotienten 1, 6
Durchbiegung 34
Durchbiegungsgleichungen 40
dynamisches Grundgesetz 14

**E**

elastische Linie 34
Eulersche Knickungsgleichung 43
Eulersche Seilreibungsformel 50

**F**

Flächenmomente 22

**G**

Geschwindigkeit 3
Geschwindigkeit, mittlere 2
Geschwindigkeitsbegriff 1
Grundgesetz, dynamisches 14

**I**

Integral, Begrenzung 8
Integral, bestimmtes 8
Integralfunktionen 5
Integrationskonstante 5, 10, 11, 20. 40, 41,
    42, 43, 52

**K**

Kreisausschnitt 46
Kreisbogen 45

Knickungsgleichung 44
Krümmung 35
Krümmungsradius 34

**M**

Momentanbeschleunigung 3
Momentangeschwindigkeit 3

**N**

Näherungslösung 7
Neigung 36

**Q**

Querkraft 32

**R**

Reibmoment 48
Reibung 47
Ringspurzapfen 48

**S**

Schwerpunktsbestimmung 45
Seilreibung 50
Spurzapfen 47
Stabilitätsproblem 44
Stammfunktion 4
Steigung 2
Steigungsdreieck 2
Steigungswinkel 2
Steinerscher Satz 23

**T**

Tangentensteigung 3
Torsionshauptgleichung 30
Trägheitsmoment 14

**V**

Verschiebesatz 24
Vollspurzapfen 49
Vorzeichen der Biegemomente 34
Vorzeichenregel 37, 39

**W**

Wegberechnung 7

**Z**

Zeitintegral 7